Scalp Hair Care

두피모발관리학

구민사

저자 약력

김주섭 상지대학교 뷰티디자인학과 교수

두피모발관리학

초판 인쇄 2021년 8월 2일
초판 발행 2021년 8월 10일

저   자 | 김주섭
발 행 인 | 조규백
발 행 처 | 도서출판 구민사
          (07293) 서울시 영등포구 문래북로 116, 604호(문래동 3가 46, 트리플렉스)
전   화 | (02) 701-7421~2
팩   스 | (02) 3273-9642
홈 페 이 지 | www.kuhminsa.co.kr
신 고 번 호 | 제2012-000055호(1980년 2월 4일)

I S B N | 979-11-5813-926-1 (93590)
정   가 | 25,000원

두피모발관리학

김주섭

Introduce 이 책을 펴내면서…

 현대의 라이프 스타일에 따른 생리적, 신체적 변화의 결과로 모발이나 두피도 예전과는 다르게 이상 현상이 일어나고 있다. 아름다운 헤어스타일 연출을 위해 화학적 시술을 하고 다이어트 등으로 인해 개인별 차이는 있으나 모발이나 두피가 정상이 아닌 이상 현상을 일으킨다. 이러한 이유로 모발의 손상과 두피의 비정상화 또는 심한 경우 탈모 등을 일으키는 결과를 초래하고 있는 실정이다. 이러한 현상의 결과로 두피모발관리는 현 미용시장의 매우 중요한 부분이 되고 있다. 향후 두피에 대한 관심이 더욱더 중요시 될 것이며, 두피모발 관리실 운영, 두피모발관리제품 시장이 확대될 것이다.

 이에 본 저자는 개인의 모발과 두피관리를 통해서 아름답고 건강한 모발과 두피를 유지 관리하기 위한 지침서로 모발의 생리, 두피타입 별 정리, 두피타입 별 관리, 두피관리기기, 두피관리마사지법 등을 최대한 쉽고 자세하게 누구나 손쉽게 이 책을 통해서 두피모발관리에 대한 기본을 학습할 수 있도록 집필하게 되었다. 나아가 조금이나마 두피모발관리를 공부하는 학생이나 현장에서 두피모발 관리 업에 종사 하시고 있는 분들께 유용한 지침서가 되었으면 하는 것이 본 저자의 바람이다.

 끝으로 이 책이 출간하기까지 도움을 주시고 협조해 주신 도서출판 구민사 사장님을 비롯한 여러분께 깊은 감사를 드린다.

저자

Contents 목차

SCALP
HAIR
CARE

제1장

모발생리학

1 모발의 기원

모발의 기원은 정자와 난자가 수정이 이루어진 하나의 수정란으로부터 시작된다.

- 상실기 : 수정란은 난할(세포분열)을 하여 2세포기, 4세포기, 8세포기, 16세포기를 거쳐 할구(조각으로 생긴 세포)를 형성한 시기를 상실기라 한다.
- 포배기 : 난할강(할강)이란 빈 공간을 형성하는 시기를 포배기라 한다.
- 낭배기 : 이중의 벽을 갖는 주머니모양의 배를 형성하는 과정, 외배엽, 내배엽, 원장, 원구를 갖춘 배를 낭배 이 시기를 낭배기라 한다.
  - 외배엽 : 배 바깥쪽의 세포층
  - 내배엽 : 원장의 벽을 만들고 있는 세포층 각각의 배엽 중 외배엽에서 기원 발생된다.

2 모발의 발생

모낭이 형성되었을 때부터 시작되며, 이 모낭을 구성하는 세포는 피부의 표피에서 유래된다. 사람의 표피는 시간이 지남에 따라 안쪽으로부터 배아층, 중간층, 주피의 3층으로 분화된다.

- 전모아기 : 모아의 형성 개시단계를 전모아기라 한다. (모아 : 배아층의 세포는 모여 촘촘한 집합체를 만든 형태)
- 모아기 : 전모아기가 빠른 속도로 이행된다.
- 모항기 : 진피 속으로 진입해 들어가 있는 모아의 기둥
- 모구성모항기 : 기둥의 끝이 둥글어지며 그 가운데에 요철이 생긴다.
  요철 속의 간엽성세포의 집단이 모유두이다.
  모낭중심부에는 모추가 털을 심게 된다.
  기둥의 후면에 피지선과 팽윤부라 불리는 독립된 2개의 세포 집단형성 팽윤부는 퇴화하여 입모근이 부착하는 곳이 된다. (모구 : 모낭의 끝부분이 둥글게 된 것)
- 모낭형성 : 이와 같은 단계를 거쳐 완성된 모발이 된다.(모낭형성)

③ 모발의 기능

· 인체보호의 기능 : 쿠션역할, 두피보호, 모발 보호 등을 한다.
· 중금속 배출 기능 : 인체의 중금속을 모발로 배출한다.
· 미적 기능 : 헤어스타일로서 미적기능은 한다.

④ 모발의 구조

1) 모근부의 구조

(1) 모낭과 주변구조

· 모유두(hair papilla) : 모세혈관과 감각신경(자율신경)이 연결되어 있어서, 모세혈관을 통해 공급받는 영양분과 산소를 모기질에 보낸다.
· 모기질 : 피부세포인 케라틴형성세포와 같은 것으로 털을 만드는 세포(영양분을 만들어 모모세포에 전달)모기질 사이에는 멜라닌형성세포가 있으며 모발의 색을 결정한다.
· 모근(arrector pili muscle) : 날씨가 춥거나 겁에 질렸을 때 수축되어 털을 곧게 세우며 소름이 돋게 만든다.
· 피지선 : 모낭 벽에 붙어있으면서 피지를 분비하여 모발을 매끄럽게 한다.
· 모구(bulb) : 모근의 아래 부분에 원형으로 부풀려져 있는 부분이다.
· 모모세포 : 모발의 기원이 되며, 모유두로부터 영양분을 공급받아 세포가 분열한다.
· 멜라노사이트(melanocyte) : 멜라닌 색소를 생성하는 세포이다.

(2) 모낭(hair follicle)의 내모근초와 외모근초

모근부의 안쪽의 내모근초와 바깥쪽의 외모근초로 되어 있다.
(모구부에서 발생한 모발의 각화가 완전히 종결될 때까지 보호하고 표피까지 운송하는 역할을 하고 있다.)
내 · 외모근초는 모발의 성장과 함께 위로 밀려 올라간다.

◆ 내모근초는
- 헨레층
- 헉슬리층
- 초표피 3층으로 구성
- 모낭의 모양을 유지한다.

(3) 모모세포(hair mother cell)

모유두가 접한 부분에 모모세포가 모유두를 덮고 있다.
- 세포분열 왕성하다.
- 끊임없이 분열증식한다.
- 영양분을 공급받아 분열되어 모발의 형상을 갖추어 발달한다.

2) 모간부의 구조

모간부는 각화 과정이 끝나 밖으로 나온 부분이다.

(1) 모표피(hair cuticle)

- 모표피 세포는 편평하고 핵이 없는 세포로써 마치 지붕 위의 기왓장을 겹친 것과 같은 모양
  이다.
- 모표피는 일반적으로 5~10층이나 경우에 따라 20층인 것도 있다.
- 문리 : 모표피가 겹쳐 생긴 모양을 이른다.
- 모표피의 역할 : 모발내부의 보호막을 형성하고 있으면서 모발섬유의 일부분을 차지하고 있
  고, 친유성으로 물과 약제의 침투에 대한 저항력이 있어 외부로부터 모피질을 보호한다.
- 모발에서 차지하는 비율이 10~15%로서 %가 높을수록 투명, 습윤, 광택, 마찰정도에 강도가 높다.
- 물리적인 마찰에 약하다.
- 친유성이다.
- 반투명이다.

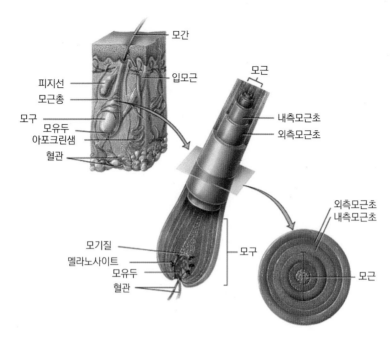

모표피(hair cuticle)는 3겹으로 층으로 구성되어 있다.

① 최외표피(epicuticle)

- 얇은 막으로 구성되어 수증기는 통과하나 물은 통과하지 못하는 특성을 가지고 있다.
- 딱딱하고 부서지기 쉽기 때문에 물리적 작용에 약하다.
- 시스틴의 함유량이 많아 각질용해성 단백질 용해성의 물지에 대한 저항력이 강하다.
- 친유성이다.

② 외표피(exocuticle)

- -S-S-결합(황과황의결합, 시스틴결합)이 많은 비결정질 케라틴
- 단백질 용해성의 물질은 강하지만 시스틴 결합을 절단하는 물질(퍼머 제)에는 약하다.
- 중간적인 성격을 나타낸다.

③ 내표피(endcuticle)

- 내표피는 대조적으로 -S-S-결합이 적은 케라틴 단백질이다.
- 단백질 용해성의 물질에 약하다.
- 세포막복합체(CMC) : 인접한 표피를 밀착시키고 있으며, 모피질세포 2개의 단위세포막이 융합해 생긴 것(접착제 역할)

- 모피질 내의 수분이나 단백질이 녹아 나오기도 하며 반대로 외부에서 수분과 퍼머제나 헤어컬러제 등의 약물이 모발 내부의 모피질에 침투 작용을 위한 통로로 이용된다.
- 친수성이다.

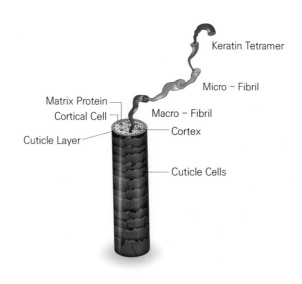

모발의 미세구조

(2) 모피질(hair cortex)

- 피질섬유와 간충물질, 핵의 잔사, 멜라닌으로 구성된다.
- 각화된 케라틴 단백질의 피질세포가 모발의 길이 방향으로 비교적 규칙적으로 배열된 세포 집단으로 모발의 85~90%를 차지한다.
- 과립상의 황색으로부터 짙은 검정, 갈색의 멜라닌 색소 입자를 함유한다.
- 친수성으로 약제의 작용을 쉽게 받아 퍼머나 컬러링과 같은 화학적 시술과 관련성이 있다.
- 모발의 유연성, 탄력, 강도, 감촉, 질감, 색상 등을 좌우한다.

◆ 세포와 세포 사이에는 섬유상 간충물질(비결정형물질)로 서로 강하게 연결되어 있다.

- 결정영역(피질세포) : 긴 폴리펩티드가 규칙적으로 배열되어 있는 섬유가 속으로 결합되어 있고 강한 수소결합으로 되어 있기 때문에 화학반응을 일으키기 어려운 영역이다.
- 비결정영역(세포간결합물질) : 약간 짧은 폴리펩티드로 된 나선상의 고분자 물질이 불규칙적이고 복잡한 상태로 배열되어 있는 부분으로, 긴 측쇄의 염결합이 많아 인접한 폴리펩티드와는 거리가 멀어 약한 수소결합으로 인해 유연하고 화학반응을 받기 쉬운 구조를 가진다.

① 피질세포

세포의 핵 중앙에는 핵의 잔사가 있고 거대섬유와 간충물질로 구성

◈ 거대섬유(macro Fibril)
- 세포가 장축방향으로 배열
- 미세섬유들과 이들을 둘러싸고 있는 간충 물질로 이루어져 있다.
- 간충물질은 손상을 받기 쉽기 때문에 모발 손상의 최대 원인이 된다.

◈ 간충물질(matrix)
- 섬유와 섬유 사이를 채우고 있는 물질
- 섬유를 연결시키고 있는 시멘트 역할을 한다.
- 주성분 케라틴
- 부정형 케라틴

◈ 미세섬유(macro Fibril)
- 11개원섬유 다발이 가운데 2다발을 중심으로 원주상 9개의 다발이 둘러 있어 9+2구조를 취한다.

◈ 원섬유(proto Fibril)
- 3개의 실과 같은 섬유가 새끼줄이 꼬이듯이 결합되어 있는 구조
- 원섬유 1다발 내에는 이중코일상의 폴리펩티드 3개가 헬릭스구조라 불리는 나선형 구조형태
- 모발을 구성하는 헬릭스가 0.45mm의 간격마다 반복적으로 새끼줄처럼 꼬여 있는 성질 때문에 머리카락이 젖어 있을 경우 잡아당기면 0.7nm 정도까지 늘어나지만 건조되면 원상태로 돌아간다.

(3) 모수질(hair medulla)
- 모발의 중심부에 있다.
- 모발의 직경이 0.09mm 이상의 굵은 모발에는 있으나 0.07mm정도의 가는 모발(생모나 유아의 모발)에는 거의 없다.
- 빈 공간(공포)에 공기가 있어 보온효과가 있다.
- 모수질 부분은 공포로 가득 찬 벌집모양의 다각형 세포가 길이 방향으로 배열되어 있고 아예 아무것도 없이비어있는 것도 있다.

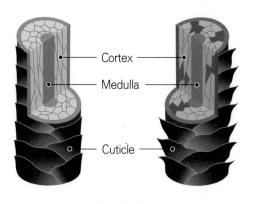

모간부의 구조   모표피

⑤ 모발의 성장 주기(hair cycle)

1) hair cycle(모발의 성장주기, 모주기)

- 모낭 하나하나에서 나오는 모발 한 가닥 한 가닥이 다른 모발의 성장속도와는 관계없이 독립적으로 자라기 때문에 더 빠르게 혹은 느리게 자랄 수도 있다.
- 태어날 때부터 모낭의 수가 결정되어 모발의 수가 결정된다.

(1) 성장기(anagen stage)

- 모유두의 활동이 왕성해서 세포분열이 매우 왕성하게 진행되어 모발이 빠르게 성장하는 시기로서 퇴화기에 이를 때까지 자가성장을 계속한다.
- 성장기간은 여성 : 약 4~6년, 남성 : 약 3~5년 전체모발의 80~90%가 이 시기에 속한다.
- 한달에 약 1~1.5cm 자라지만 상황에 따라 달라질 수도 있다.

(2) 퇴화기(catagen stage)

- 약 2~4주로서 전체 모발의 약 1%에 해당된다.
- 모유두와 모근부가 분리되고 모낭이 위축되어 모근은 위쪽으로 밀려 올라가게 되고 결국 세포분열은 정지된다.

(3) 휴지기(telogen stage)

- 약 2~4개월이다. 이 기간 동안 모유두는 쉬게 된다.
- 모발의 수는 약 10%(산모는 약30%)에 해당된다.
- 휴지기 상태의 모발이 약 20% 이상이 되면 탈모가 아닌지 의심해봐야 한다.

(4) 발생기(new anagen stage)

- 신생모발의 모근부와 결합되므로 세포분열은 다시 왕성해지며 새로 발생된 모발은 성장하게 된다.

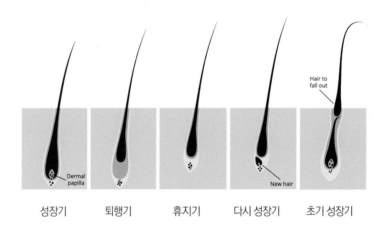

| 성장기 | 퇴행기 | 휴지기 | 다시 성장기 | 초기 성장기 |

※ 모발의 성장주기에 따르면 정상 모발을 가진 사람의 모발이 자연탈락되었을 경우 약 8~9개월 후에 신생모가 두피층 밖으로 자라 올라오며 모유두는 평생 4주기를 10~15회 반복 후 일생을 마감한다.

2) 모발 성장주기에 영향을 미치는 요인

① 영양소의 부족으로 모발성장이 안 될 수 있다.

② 혈액순환의 장애

- 영양소가 모세혈관을 통해서 공급되어 모발의 성장을 도와야 하지만 혈행의 장애로 영양분의 공급이 원활하지 못한 경우 역시 모발 성장이 지연될 수 있다.

③ 모유두의 기능의 정지 또는 쇠퇴할 때

④ 스트레스로 인한 자율신경의 혼란

  - 교감신경은 혈관을 수축시키는 작용에 관하므로 모발의 영양보급에 영향을 주게 되어 모발의
    활동기를 단축시키므로 탈모로까지 진전될 수도 있기 때문이다.

⑤ 내분비의 장애로 인한 경우

  - 호르몬의 대사에 이상(갑상선, 남성호르몬)으로 탈모에 영향을 준다.

⑥ 유전적인 요인

⑥ 모발의 일반적인 특징

1) 모발의 형태학적 종류

   모발은 직모(straight hair), 파상모(curly hair), 축모(kinky hair)의 3종류로 분류할 수 있다. 이들 간에 명확한 구분이 있는 것은 아니지만, 인종적인 차이는 상당히 인정되고 있다. 동양인의 모발은 검고 곧은(straight) 이미지가 있지만 곧은 모발을 가진 사람은 5% 정도로서 직모 중에 파상모가 혼합되어 있는 반곱슬 머리카락과 전체가 곱슬인 머리카락인 사람도 상당히 있다. 두모(hair)가 직모라도 음모, 액모는 파상모 내지는 축모가 있듯이 모발의 발생부위에 따라서도 형상의 차이는 있다. 이러한 모발의 형태가 다른 것은 모낭에서의 모모 세포의 분열 속도의 차이에 의해 결정이 된다고 한다.
   모발의 횡단면의 최소직경은 최대직경으로 나누어 100배나 되는 수치를 모경지수라고 하고 이 지수가 100이면 완전히 원형이며 작으면 타원형에서 편평하게 된다.
   동양인의 경우 75~85로서 원형에 가깝고, 흑인은 50~60으로 편평하게 되어 있다. 결국 모경지수가 100에 가까우면 직모가 되고 적으면 축모되는 비율이 크게 된다.

$$모경지수 = 모발의 최소직경 / 모발의 최대직경 \times 100$$

- 직모 : 모발의 단면이 원형에 가깝다. 모모세포 및 모낭세포가 케라틴 단백질 생성과정에서 세포분열의 속도가 동일한 속도로 진행되어 나타난다. 황인종에게 나타난다.
- 파상모 : 유전적 체질에 의해 나타나는 것으로 알려져 있으며, 모발의 단면이 타원형을 띠는 것이 특징이다. 백인에게 나타난다.

◆축모 : 흔히 곱슬모라 부르는 모발의 형태로 단면이 파상모에 비해 웨이브가 심하며, 특히 흑인종에 게서 많이 볼 수 있다.

2) 모발의 수

- 노란 금발 : 약 12~14만 개, 백인종
- 검은 갈색 : 약 10~12만 개, 황인종
- 검은색의 모발 : 약 8~10만 개, 흑인종

3) 모발의 성장속도

- 하루에 약 0.35mm 정도 자란다.
- 한달에 1.0~1.5cm 정도 자란다.
- 1년에는 약 12~15cm

4) 모발의 수명

- 여성 : 약 4~6년
- 남성 : 약 3~5년

5) 모발의 자연적인 탈모

- 휴지기에 의한 자연탈모
- 무리한 빗질, 묶음, 당겨짐 등에 의한 견인성 탈모
- 하루에 50~100개 정도가 자연탈모

6) 모발의 굵기

- 경모 : 약 0.1mm 이상
- 보통 모발 : 0.075~0.085mm 사이
- 연모 : 0.075mm 이하

◆ 모발의 굵기에 따른 분류

　- 취모(배냇머리) : 태아에 존재하는 섬세하고 부드러운 모발 출생 무렵 탈락되고 연모로 대치된다.

　- 연모(솜털, vellus hair) : 피부의 대부분을 덮고 있는 섬세한 털

　- 중간모(intermediate hair) : 연모와 성모의 중간 굵기의 모이다.

　- 경모(종모, terminal hair) : 길고 굵은 털로 머리카락, 눈썹 겨드랑이 털이다.

⑦ 모발의 영양

1) 영양소의 역할

　- 몸을 구성하는 물질을 공급한다.

　- 영양소의 또 하나의 기능은 몸에 에너지를 공급해 주는 일이다.

　- 신체 내에서 생리적인 기능을 조절하는 역할이다.

2) 단백질과 영양

　- 모발의 주성분은 케라틴이라고 하는 각화된 단백질이다

　- 시스테인이라고 하는 아미노산이 많이 함유되어 있다(16~18%).

3) 당질과 영양

4) 지질과 영양

　- 지질이란 : 유기용매에는 잘 용해되는 성질을 갖고 있다.

　- 화학적으로는 당질과 같은 구성원소, 즉 탄소, 수소, 산소를 주원소로 하여 구성되어 있는 유기화합
　　물의 일종이다.

5) 비타민과 영양

(1) 지용성 비타민

① 비타민 A

- 기름에 녹는 성분(체내에 흡수되면 배출이 안 된다 → 독소로 변해 많이 섭취 하지 않는 것이 좋다)
- A가 결핍되면 피지분비 및 땀샘의 기능저하로 인하여 각질층이 두꺼워지며 피부나 점막은 건조하여 까칠한 조직을 형성한다. 심각하면 모공 주위가 각화되며. 위축되어 모공 각화증이라고 하여 모공 주위가 딱딱하게 돌기되어 탈모가 촉진된다.
- 공급원 : 송아지 간, 달걀, 당근, 멜론
- 결핍증 : 안구건조증, 야맹증, 피부건조, 각막연화증
- 효능과 생리적 기능 : 눈의 건강유지, 항암작용, 황산화작용, 점막구성성분, 성장촉진, 피부, 머리카락, 알레르기 질환 개선, 잇몸 등을 건강하게 유지한다.
- 피지선 강화 기능이 있다.

② 비타민 D

- 모발 재생과 깊은 관련이 있다. 자외선 조사에 의해 생체에서 생성된다. 부족하면 구루병에 걸린다.
- 공급원 : 유제품, 지방성 생성, 피부에 햇빛 받으면 생성
- 결핍증 : 충치, 골연화증, 구루병, 노인성 골다공증
- 효능과 생리적 기능 : 칼슘의 항상성 유지, 호르몬으로서의 작용, 치아와 골격을 위한 칼슘 흡수 능력이 향상한다.
- 따라서 비타민과 미네랄을 포함한 파슬리, 딸기, 시금치 등의 야채류도 많이 섭취할 필요가 있다.

③ 비타민 E

- 항산화 작용으로 노화를 방지한다.
- 세포막 대사에 관여한다.
- 체조직 성분의 합성에 관여한다.
- 말초혈관의 확장과 관련이 있어 육모제 성분으로 주로 사용되면, 이는 육모효과의 기본인 혈액순환에 초점을 맞추어졌다고 볼 수 있다.
- 공급원 : 채소, 달걀, 생선, 마가린

- 결핍증 : 적혈구파괴, 신경질환, 근육위축증, 빈혈 및 생식기능 장애
- 효능과 생리적 기능 : 항산화작용, 심혈관계 질환예방, 피부노화 방지, 퇴행성 뇌질환 예방 및 치료, 암예방, 당뇨예방, 면역성 증진, 눈의 건강유지, 생식기능 도움 역할

④ 비타민 K

- 부족하면 두피가 건조하고 모발의 손상이 쉽다.
- 공급원 : 푸른 채소, 돼지간장 내 세균도 형성, 장어, 현미, 녹황색 채소 등
- 결핍증 : 코피출혈, 노화촉진, 출혈성의 궤양
- 효능과 생리적 기능 : 간기능 개선, 암예방치료, 폐경기 후 골다공증 예방

(2) 수용성 비타민

- 수용성 : 물에 녹는 성분이다.

① 비타민 B군

◈ 비타민 B1(티아민)
- 결핍증 : 각기병, 뇌세포 손상 및 근육위축과 근육종, 부종, 피부감, 호흡곤란, 식욕부진, 설사
- 효능과 생리적 기능 : 탄수화물의 에너지 대사도움 성장촉진, 정신건강증 신경계통, 근육, 심장기능 정상적으로 유지한다.
- 두피에 열이 생겨 각질층이 헐면 비듬이 생기므로 이를 예방하기 위해서는 밀의 배아, 효모, 돼지고기, 마른새우, 콩, 샐러리, 표고버섯, 현미 등을 충분하게 섭취하여야 한다.

◈ 비타민 B2(리보플라빈)
- 공급원 : 달걀, 육류, 유제품, 푸른 채소
- 결핍증 : 구강염, 설염, 피부염, 우울증, 현기증
- 효능과 생리적 기능 : 탄수화물, 단백질 지방의 에너지 대사에 관여 성장과 재생작용, 건강한 피부유지, 손톱모발부지, 시력을 돕고 눈의 피로를 감소시킨다.
- 부족하면 모발과 피부의 신진대사가 나빠진다.

◈ 비타민 B3(나이아신)

- 두피 혈액순환 기능을 향상시킨다.
- 공급원 : 생선, 알곡류, 땅콩, 콩
- 결핍증 : 구취, 설사, 신경과민, 피부염
- 효능과 생리적 기능 : 탄수화물, 단백질, 지방의 에너지대사에 관여하며 고지혈증을 개선한다.

◈ 비타민 B6(피리독신)

- 공급원 : 육류, 생선, 알곡류, 바나나
- 결핍증 : 비듬, 구강염, 피부염, 근육경련, 신경과민
- 효능과 생리적 기능 : 아미노산 대사에서 효소작용, 구토증, 입덧예방, 빈혈예방
- 피지조절 능력
- 항 피부염, 모발케라틴의 재생과 활성에 관여하며, 부족하면 피지분비를 촉진한다.
- DHT로의 전환 방지한다.

◈ 비타민 B12

- 공급원 : 우유, 생선, 육류, 달걀
- 결핍증 : 악성빈혈, 체취, 비듬, 월경불순, 신경과민
- 효능과 생리적 기능 : 악성빈혈예방, 철분과 엽산의 기능을 도와줌, 신경과민감소, 집중력 및 기억력 향상, 치매예방, 심혈관계 질환을 예방한다.

◈ 비오틴

- 탈모 진행 방지, 백모 진행을 방지한다.

◈ 이노시톨

- 모낭건강을 유지한다. 동물과 미생물의 발육에 관여한다.

② 비타민 C(아스코르빈산)

- 공기 중에 쉽게 산화·파괴된다(미백효과).
- 비타민C가 부족하면 괴혈병을 유발하고, 모발 성장에도 영향을 주며 살균작용, 염증억제, 면역력 강화 작용을 한다.
- 정신적 쇼크와 스트레스는 모발을 희게 만드는 원인이 되므로 흰머리를 예방하기 위해서는 신선한 채소나 과일을 충분하게 섭취해야 한다.
- 피부의 콜라겐 성분을 유지한다.

6) 무기질

(1) 칼슘

뼈와 치아의 구성, 혈액응고기능, 근육수축기능, 결핍 시 골다공증 유발, 급원식품은 우유, 녹색 채소 등에 많다.

(2) 인

뼈와 치아의 구성, 세포의 구성성분, 염기평형기능, 결핍 시 골격 손상, 급원 대부분 식품에 풍부하다.

(3) 마그네슘

- 뼈와 치아의 구성, 효소의 구성성분, 결핍 시 허약, 근육통이 나타난다.
- 급원식품 : 녹황색 채소, 견과류에 많다.

(4) 철분

- 헤모글로빈의 주요성분, 결핍 시 빈혈
- 급원식품 : 육류, 어류

(5) 기타 무기질

- 구리 : 철분이 헤모글로빈을 합성할 때 구리는 촉매작용을 하는 필수영양소이다.
- 코발트 : 적혈구의 생산에 필요하며 부족 시에는 악성빈혈을 유발한다.
- 아연 : 효소의 구성성분, 결핍 시 성장지연, 식욕부진
  급원식품 : 육류 우유
- 요오드 : 갑상선호르몬의 성분 (모발성장에도 많이 기여).
  급원식품 : 해조류, 해산물
  과잉 시 : 갑상선기능항진증, 바세도우씨병(안구돌출현상)

8 모발과 호르몬

- 모발과 관계가 있는 것은 뇌하수체, 갑상선, 부신피질, 성선(난소와 고환) 등에서 분비되는 호르몬이다.
- 특별한 도관(통로, 관)이 없이 직접 혈관 속이나 림프 속으로 분비되며 각 호르몬의 표적기관(각각을 받아들이는 곳)이 있다.

1) 뇌하수체 호르몬

(1) 뇌하수체 전엽호르몬

- 내분비선의 기능을 조절하는 중추적 역할
- 성장호르몬, 갑상선자극호르몬, 부신피질자극호르몬, 성상자극호르몬 등 여러 가지 일을 하는 호르몬이 분비되고 있다.
- 모든 호르몬을 통제, 조정

2) 갑상선

(1) 갑상선 호르몬의 작용

갑상선 호르몬은 모발의 발육에 밀접한 관련이 있다. 갑상선의 기능이 약화되면 모발은 유연하며 가늘어지고 퇴화한다. 거꾸로 갑상선의 기능이 촉진되면 발육이 양호하게 된다. 그러나 지나치게 촉진되면, 가령 '바세도우씨병'과 같은 증상이 되면 또 탈모가 일어날 수도 있다. 해초의 요오드는 이 갑상선 호르몬의 원료가 되기 때문에 요오드를 많이 투여하였다고 대머리가 치료되었다는 작용을 하는 호르몬이 분비되어 있다. 특히 여성의 경우에는 남성호르몬과 같은 성질이 여기에서 분비되기 때문에 성모나 체모의 발생에 많은 영향을 주고 있다. 여성으로서 체모가 많아지거나 하는 것은 이 부신피질의 기능촉진에서 오는 것이라고 말하고 있다. 모모세포의 분열과 증식에 많은 영향이 있다.

3) 부신

- 부신피질 호르몬(부신성 안드로겐) : 성모와 체모를 형성하는 호르몬(탈모의 원인 호르몬)

4) 여성호르몬(에스트로겐) : 모발성장 촉진, 체모발육 억제한다.

5) 황체호르몬(프로게스테론) : 배란된 난포에서 생성, 남성호르몬과 동일한 역할(탈모의 원인 호르몬)

6) 남성호르몬(안드로겐) : 모모세포의 분열과 증식을 억제, 체모발육 촉진, 피지의 분비량 증대(탈모의 원인 호르몬)

7) 여성의 생리와 호르몬 변화
- 배란 전 : 난포호르몬 증대, 황체호르몬 감소
- 배란 후 : 난포호르몬 감소, 황체호르몬 증가
- 일시적 지성 두피로 변화 : 파마 시술 시 장애
- 여성은 난소와 부신피질에서 호르몬이 분비되어 안드로겐(남성호르몬)과 동일한 역할을 함(지루, 체모 증대, 육모방해)

9 모발의 화학적 성질

모발의 성분 모발을 구성하는 기본 성분은 18종의 아미노산으로 구성된 80~90%의 케라틴과 10~20% 정도의 수분과 지질 1~8%와 멜라닌색소 1~3%로 이루어지며, 미량원소로도 구성되어 있다.

구성원소는 탄소(50.65%), 산소(20.85%), 질소(17.14%), 수소,(6.36%), 유황(5.0%)으로 주로 구성되어 있다.

모 주성분인 단백질은 시스틴을 16~18% 함유한 케라틴이라는 물질로 되어 있다. 모발은 18종류의 아미노산으로 되어 있지만, 아미노산의 종류나 각각의 함유량에 의해 형상이나 성질이 달라질 수 있다.

1) 아미노산의 화학구조와 성질

$$NH_2 - \overset{\overset{\displaystyle H}{|}}{\underset{\underset{\displaystyle R}{|}}{C}} - COOH$$

하나의 탄소 원자에 수소원자를 갖고 아미노기(NH_2)를 갖고 카르복실기(COOH)를 갖는 것은 모두 공통이다. 아미노산마다 다른 것은 각기 다른"R"기를 갖는 것이다.

- R자리에 H가 들어가면 글리신이라는 아미노산이 된다.
- R자리에 (CH_3)2CHCH가 들어가면 발린이라는 아미노산이 된다.
- R자리에 H2N(CH_2)4가 들어가면 리신이라는 아미노산이 된다.

아미노산	함유량(%)	아미노산	함유량(%)
글리신(glycine)	9.5	티로신(tyrosine)	3.1
알라닌(alanine)	4.0	아스파라긴산(aspartic acid)	8.0
발린(valine)	4.7	글루타민산(glutamic acid)	14.8
로이신(leucine)	9.1	아르기닌(arginine)	9.6
이소로이신(isoleucine)	2.2	리신(lysine)	2.6
페닐알라닌(phenylalanine)	2.7	히스티딘(histidine)	0.9
프롤린(proline)	3.7	트립토판(tryptophan)	0.7
세린(serine)	7.6	시스틴(cystine)	16.0
트레오닌(threonine)	7.2	메치오닌(methionine)	1.0

아미노산의 분류는 아미노기와 카르복실기의 수에 따라 염기성, 중성, 산성으로 분류한다.

① 중성아미노산(아미노기1, 카르복실기1) : 알라닌, 글리신, 이소루이신, 루이신, 메티오닌, 시스틴, 페닐알라닌, 포로린, 세린, 트레오닌, 트립토판, 티로신, 바린

② 산성아미노산(아미노기1, 카르복실기2) : 아스파라긴산, 글루타민산

③ 염기성아미노산(아미노기2, 카르복실기1) : 아르기닌, 히스티딘, 리신

(1) 주성분(Keratin 단백질)

모발은 주성분인 단백질은 cystine을 16~18% 함유하고 있는 keratin이라고 하는 물질이다.

keratin도 인모, 양모, 손톱 등과 같이 단단한 경 keratin과 피부와 같은 부드러운 연 keratin으로 구별된다.

(2) 지질

모발의 지질에는 피지선에서 분비된 피지와 피질세포 자신이 가지고 있는 지질로 구분된다. 그러나 두 종류의 지질은 구별이 어려우므로 양자를 일괄하여 모발의 피지로 취급하고 있다. 피지의 분비량과 조성은 내부요인(연령, 성별, 인종, 호르몬, 식물)과 외부요인(온도, 마찰)에 따라서 영향을 받기 때문에 개인차가 크나 일반적인 1일 피지 분비량은 1~2g 정도이다. 피지낭에서 분비된 피지는 모낭, 피부에 항상 존재하고 있는 미생물 효소 리파제의 작용에 의해 중성 지방의 일부가 가수분해되어 유리지방산과 글리세린이 된다. 그리고 땀과 혼합하여 W/O형의 유액상이 되어 피부와 모발 표면에 넓고 얇은 지방막(피지막)이 형성된다. 피지막은 유리지방산과 땀의 유산, 아미노산 등에 의해 약산성(pH4.5~5.5)을 나타내며 보통 모발의 pH라고 하는 것은 모발 자체의 pH가 아닌 이 피지막의 pH라 볼 수 있다. 즉 피지라고 하는 것은 우리 모발의 가장 이상적인 상태를 유지시켜주는 중요한 역할을 하는 기관이다.

(3) 멜라닌 색소

동양인의 모발은 일반적으로 흑색 또는 흑갈색이고 흰머리는 색소의 이상현상에 의한 것이다. 모발의 색은 모발에 함유되어진 멜라닌 색소의 양에 따라 결정되어진다. 멜라닌은 멜라노사이트(melanocyte, 색소세포)에서 만들어지지만 그 멜라노사이트의 위치는 모발의 경우는 모유두 끝부분에서 찾아볼 수 있다.

멜라닌의 종류는 유멜라닌(eumelanin)이라는 흑색, 갈색을 나타내는 입자가 큰 입자형 멜라닌과 입자가 작은 분사형 멜라닌인 페오멜라닌이 있다. 페오멜라닌(pheomelanin)은 황색, 적색을 나타낸다.

(4) 미량원소

모발의 색은 미량으로 포함되어 있는 금속의 종류에 따라 다를 수 있다. 즉, 백발에는 니켈, 적모에는 철, 모리브딘, 흑발에는 동, 코발트, 철이 많이 함유되어 있다. 모발의 주성분인 케라틴은 금속과 결합하기 쉬운 산성기(카르복실기, 멜캅트기) 등을 가지고 있기 때문에 세발화장품, 두발화장품, 세정수 등에 함유되어 있는 금속이온을 흡수한다.

2) 모발의 화학적 특성

(1) 모발과 pH

- 알칼리와 모발 : 모발은 팽윤되고 부드러워진다.
- 산과 모발 : 강한 저항력을 지니고, 모발은 산에서는 수축성을 나타내고 모표피가 닫힌다.
- 산과 염기 : 모발의 등전점 pH 4.5~5.5이며 등전점에서 멀어지면 모발의 결합력이 약해진다. 모발이 팽윤되고 연화되어 모표피가 열린다.

3) 모발의 결합

모발의 결합은 모발을 이루고 있는 화학적 성분 간의 결합이 그 기반이 되어서 주쇄 결합인 폴리펩타이드 결합이 세로로 자리 잡고 있고 그 주쇄와 주쇄를 가로로 결합하는 측쇄결합으로 시스틴결합, 이온결합, 수소결합이 있다.

(1) 펩타이드 결합(peptide bond) : 주쇄결합, 세로결합, 가장 강한 결합

펩타이드 결합은(- CO - NH -) 모발의 결합 중 가장 강한 결합으로 아미노산과 아미노산의 결합으로 화학적인 처리에 있어서도 잘 절단되지 않는 결합이다.

글루타민산 잔기의 -COOH와 라이신 잔기의 $-NH_2$에서 H_2O가 제거되어 -CO-NH가 연결된 결합으로 상당히 강한 결합이다.

모발이 길어도 잘 끊어지지 않는 이유가 바로 모발의 주쇄를 이루고 있는 결합이 펩타이드들의 연결사슬인 폴리펩타이드이기 때문이다.

이 결합 때문에 모발이 가로보다는 세로로 더 쉽게 끊어진다.

(2) 측쇄 결합 : 가로결합, 가교결합

① 시스틴결합(Cystine bond)

S--S S--S S--S S--S S--S

이 결합은 유황(S)을 함유한 단백질 특유의 것으로 다른 섬유에서는 볼 수 없는 측쇄 결합으로 케라틴을 특징짓고 있는 결합이다. 현재 일반적으로 모발 웨이브를 형성시키는 기본적인 개념은 모발 케라틴 중의 시스틴 결합을 환원제로 절단하고, 모발을 원하는 형태로 변형시킨 후, 그 형태를 유지하기 위하여 산화제로 절단된 결합을 본래대로 돌리는 것이다.

화학에 있어 산화 환원 반응을 이용한 것이 펌제이다.

펌제는 환원반응으로 모발의 시스틴 결합을 절단하고 로드로 웨이브를 형성한 후에 펌2제인 산화제가 환원으로 파괴된 시스틴 결합을 다시 그 위치에서 재결합을 시켜주는 역할을 한다.

② 이온결합(Ionic bond)

염결합($-NH_3 \cdots OOC-$)

원소들 가운데 자신이 가지고 있는 전자를 주려고 하는 성질을 갖는 것이 있는데 이것을 전기양성(electropositive) 또는 양이온이라고 하고 반대로 전자를 받으려고 하는 성질의 원소를 전기 음성(electronegative) 또는 음이온이라고 한다. 이러한 전기 양성인 원소와 전기 음성인 원소 사이에 형성된 결합을 이온 결합이라고 하는데 그 대표적인 원소가 나트륨($Na+$, 전기 양성)과 염소($Cl-$, 전기음성)의 결합으로 염화나트륨($NaCl$)의 생성이다. 그래서 이온 결합을 또는 염결합이라고도 한다.

화학적인 처리 시 펌제와 염모제에 의해서도 모발의 pH가 변하므로 이 이온결합 역시 절단되고 다시 염색 후에 산성샴푸 등을 사용하면 어느 정도 pH가 등전점에 가까워져 이온결합도 재결합을 한다.

③ 수소결합(Hydrogen bond)

수소결합($C=O$ NH)은 주쇄의 산소와 수소 사이의 끌어당기는 힘에 의해 결합한 것으로서 모발에 수분을 가하면 간단하게 끊어져 버리는 결합을 말하며 다시 마르면 재결합을 하여 형태가 고정된다. 한 분자 내의 수산기(OH) 중에서 양으로 극성을 띤 수소원자가 음으로 극성을 띤 산소 원자와 약하게 결합하는 것을 말한다.

각 아미노산의 결합부에 있는 펩티드 결합의 수소인 H가 가까운 산소(O)에 대하여 가지고 있는 힘을 친화력이라고 말한다.

이 결합은 케라틴 분자 안으로 물이 들어가므로 그 힘이 약해진다. 즉, 물의 분자가 수소 결합을 절단한다. 따라서 실제로 모발은 물을 충분히 흡수하면 대부분 부드럽게 되어 컬 등을 만들기 쉽게 된다. 또한 수소 결합은 3개의 결합 중에 가장 수가 많기 때문에 전체적인 힘이 강하고 우리들이 누웠다가 일어나면 후두부의 머리 모양이 엉망이 되는데, 이때 물로 적셔 머리모양을 정리하는 것과 옷을 다림질 할 때 분무를 하고 하면 잘 다려지는 것과도 비슷한 원리이다. 이러한 것은 모두 수소 결합의 힘이다.

미용에 있어서는 세팅, 드라이를 할 때 우선 물은 분무를 한 다음 드라이를 하여 컬을 형성하면 컬이 더 잘 형성이 된다. 이러한 것은 화학적으로 케라틴 수소결합의 절단과 재결합이라는 과정으로 되는 것이다.

④ 공유결합(Covalent bond)

이온결합처럼 어떤 원소가 전자를 잃거나 얻음으로 인하여 이루어지는 결합이 아니라 원소들이 가지고 있는 전자를 서로 공유하면서 이루는 결합을 공유결합라고 하며 이런 공유 결합에 의해서 모아진 하나의 원자 집단을 분자라고 한다.

⑤ 소수결합(van der waals forces)

내부 원자 간의 거리에 따라 변하며 중성원자간의 약한 인력이다 2개영역(결정영역, 비결정영역)상태에 따라서 모질의 화학적, 물리적, 역학적인 성질이 크게 변화한다. 단백질의 3차 구조는 주로 소수결합으로 이루어진다.

10 모발의 물리적 성질

모발, 양모 등의 keratin 섬유의 여러 가지 물리적 성질 특징은 복잡한 세포 조직과 keratin이라고 하는 특수한 분자구조에 입각하고 있다.

1) 흡습성(Hygroscopicity)

모발은 습한 공기 중에서 수분을 흡수(흡습)하고 건조한 공기 중에서는 수분을 발산(탈습)하는 성질, 즉 흡습성(hygroscopicity)을 가진다. 양모의 경우 RH(20 , 65%)에서 약 13.6%의 수분을 함유할 수 있으므로 이 상태에 있는 1000kg의 양모에는 약 120kg의 수분을 함유하고 있다고 볼 수 있다. 모발은 공기 중의 보통 상태에서는 10~15% 수분을 포함하고 있다. 세발한 직후는 30~35%, 드라이어로 건조해도 10% 전후의 물을 흡착하고 있다. 흡착량은 습도와 온도의 영향을 받아 변동하고, 모발이 손상되면 흡착물도 많아진다. 또한 흡착물이 많게 됨에 따라 체적과 중량이 크게 된다. 이 체적의 증대를 가져오는 흡착 현상을 팽윤이라 한다.

2) 팽윤성(Swelling)

모발을 물에 담그게 되면 길이는 1~2% 길어지고 굵기는 12~15% 정도 굵어진다. 그리고 중량은 30 ~40% 증가한다. 모발이 수중(水中)에서 팽윤 평행에 달하는데 실온에서 15분 이상 고온에서는 5분 이내로 거의 팽창에 가까운 팽윤도가 된다. 그러나 팽윤된 모발을 공기 중에 방치했을 때 서서히 수분이 감소하며, 처음에는 급속히 수분이 감소하고 수분이 5% 이하가 되면 속도는 저하된다. 이것은 수분의 존재 양식이 다르기 때문이다. 이 중량의 증가율은 앞에서 기술한 수분율에 해당하는 것으로서 체적의 증가율과는 일치하지 않는다(체적 수축). 따라서 중량 증가율을 팽윤도라고 하는 것은 사실 차이가 있으나, 중량 증가가 팽윤(체적 증가)의 표준이 되기 때문에 중량 증가율을 일반적으로 팽윤도라고 한다.

3) 모발의 인장강도

모발을 잡아 당겨 끊어질 때까지 견디는 힘을 말한다. 보통 모발의 인장강도는 모발의 굵기와 손상정도에 따라 다르다.

4) 모발의 신장과 탄성

케라틴 단백질의 화학 구조적인 특징 때문에 생긴다. 모발의 신장은 습도에 따라서 다르다, 원래 길이로 되돌아 갈 수 있는 신장률은 5% 전후이고, 당기면 수분흡수 시 50~70%까지 늘어난다.

5) 모발의 고착력

모발을 한가닥 뽑는 데 드는 힘이다, 모발의 성장주기에 따라 성장기모는 대략 50~80g의 힘이 들고, 휴지기에는 대략 20g의 힘이 든다. 이것은 모발이 모낭과 밀착 정도에 따라 다르기 때문이다.

6) 그 외의 모발의 물리적 성질

(1) 열변성

열이 모발에 미치는 영향은 건열이나 습열에 따라 차이가 있다 건열에서는 외관적으로 120℃ 전후에서 팽화되고 130~150℃에서 변색이 시작되어 270~300℃가 되면 타서 분해하기 시작한다.

그러나 기계적인 강도는 80~100℃에서 약화되기 시작한다. 화학적으로는 150℃ 전후에서 cystine의 감소를 볼 수 있고, 130℃에서 10분간 keratin의 α형은 β형으로 변화한다.

별도의 data에 의하면 keratin의 변성은 습도 70%에서 70℃부터 시작되지만 습도 97%에서는 60℃에서 시작된다.

전열기기의 처리 온도는 60℃ 이하로 하는 것이 모발의 손상을 방지하는 데 필요하다. 약제에 젖은 모발에 대한 씻어냄의 과정을 불충분 한 모발은 열변성을 한층 강하게 받게 된다. Iron의 온도는 200℃ 전후, 핸드 드라이어의 온도는 송풍구의 거리에 따라 달라지지만 90℃ 전후로서 부분적으로는 고온이 되기 때문에 주의하지 않으면 안 된다.

(2) 광변성

태양광선은 파장이 긴 방향으로부터 적외선, 가시광선, 자외선의 3개로 대별되고 있다. 이중 모발에 영향을 미치는 것은 적외선과 자외선이다. 적외선은 열선으로도 알려져 있으며 물체에 닿으면 열을 발생시킨다.

모발 keratin은 그 열에 의해 어느 정도는 측쇄결합이 파괴되고 손상(열변성)을 받는다. 화학선이라고 하는 자외선은 모발의 손상에 치명적이다. 양모에 대한 보고에 의하면 그 광화학적 반응에 의해

cystine이 감소하고 알칼리 용해도는 모발 keratin의 손상도에 비례해서 증가하기 때문에 이 용해도를 측정함으로써 모발 손상의 정도를 알 수 있다.

또한 양모의 모간과 모근의 유황(S)형태 분석 사례에 의하면 -S-S-형의 유황은 모간이 2.66%, 모근 2.99%로서 함유량에서는 모간 쪽이 적다. 모간 쪽이 모근 쪽보다 이는 일광에 노출되는 시간이 길기 때문이다.

고온의 실외 근로자나 해안의 거주자 등이 permanent wave가 잘되지 않고 혹은 쉽게 늘어나는 원인은 태양광선 중, 특히 자외선에 의한 모발 keratin의 변성이라 할 수 있다.

(3) 대전성(Electrification property)

모발을 brushing 혹은 combing할 때 brush와 comb에 모발이 붙는다거나 모발끼리 반발하여 한데 엉키거나 하면 set가 잘 되지 않는 일이 있다. 이 현상이 일어나는 것은 마찰에 의해 모발은 +로, brush는 -로 대전하기 때문에 +전기를 가진 모발끼리는 반발하고 +전기를 가진 모발과 -의 전기를 가진 brush와는 서로 들어붙으려고 한다. 이에 마찰을 적게 하거나 습기를 보충하면 정전기는 발생하지 않는다. 여기서 정전기 방지제로서 실리콘, 유지, 계면활성제, 습윤제 등이 이용되고, 이들을 배합한 일용품, 모발용품 등이 시판되고 있다.

⑪ 모발의 손상

1) 모발손상의 원인

(1) 마찰에 의한 손상

브러싱, 샴푸, 타올 드라이 시 외부의 자극이 과하게 되면 모발 사이에 마찰이 생겨서 모표피층이 손상을 입게 된다.

(2) 영양소 결핍에 의한 손상

편식 또는 다이어트로 인한 영양분이 결핍되면 자연적으로 모발의 성장과 기능이 약화되어 여러 가지 손상이 일어난다.

(3) 잘못된 커트로 인한 손상

가위날이 불량하여 머리카락이 뜯기는 경우가 발생하여 모발이 상하거나, 레저를 잘못 사용하는 경우 표피층 표면을 너무 벗겨내 모발이 상하게 되기도 한다.

(4) 자외선에 의한 모발손상

장시간 자외선에 노출될 경우 단백질 변성을 일으키게 된다.

(5) 열에 의한 손상

- 블로드라이나 전기 아이롱 사용에 의함이다.
- 모발이 약 120℃ 이상의 열이 가해졌을 때는 케라틴 단백질이 변성을 일으켜 모발의 기능이 약해 진다.
- 모발의 수분을 증발시켜 모발이 건조하게 되어 모발손상이 더 쉽게 일어난다.

(6) 펌 약제에 의한 손상

- 펌의 과도한 시술시간
- 로드를 와인딩 시술 또는 스트레이트 아이롱을 할 때 너무 강하게 힘을 주게 되면 모발이 늘어나 시스틴 결합이 끊어져 모발이 손상된다.
- 로드 제거 후 샴푸 시 펌로션의 잔여물이 조금이라도 남게 되면 단백질 멜라닌 색소가 변성을 일 으켜 머리카락이 꺼칠해지거나 모발의 색이 변색된다.

(7) 염색, 탈색에 의한 모발 손상

- 과산화수소의 농도가 너무 강할 경우 알칼리성에 의한 모발의 결합력이 약화되며 멜라닌 색소가 파괴된다.
- 모발 손상의 가장 큰 요인이 탈색이며, 알칼리제에 의한 모발시술은 머리카락 표피층에 많은 손상 을 주게 된다. 이는 산화에 의해 모발의 횡결합이 끊어지고 특히 머리카락의 원래 색을 빼낼 때 심 하게 일어난다.

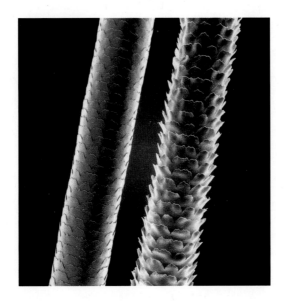

화학적으로 시술한 모발의 손상

(8) 기타 환경적인 요소에 의한 손상

헤어스프레이 사용 후 불결한 상태, 매연과 먼지, 바닷물의 오염물질 등이다.

2) 증상별 모발관리법

(1) 윤기가 없고 푸석푸석하다.

만지면 부서질 듯 메마른 느낌이 든다면 모발에 유수분이 부족한 상태이다. 이럴 경우에는 이틀에 한번 정도 샴푸를 하고 유수분이 함유된 트리트먼제를 사용함으로써 건조함을 막을 수 있다.

(2) 심한 손상모

모발이 심하게 손상되었을 때는 트러블로, 머리카락의 큐티클 층이 파괴된 경우이므로 갈라진 부분에서 2~3cm 윗부분을 잘라주는 것이 좋다. 자른 부분에는 모발 타입에 맞는 영양제를 발라주고 평소에 브러싱을 너무 자주 하지 않는 것이 좋다.

(3) 두피가 건조하고 비듬이 많아진다.

비듬은 각질이 벗겨져 떨어지는 현상이다. 건성 비듬은 두피가 건조해서 생기며, 지성 비듬은 피지가 너무 많이 분비되는 것이 그 원인이다. 날씨가 쌀쌀하고 건조해지는 겨울철에는 건성 비듬이 많아진다. 유분이 많이 함유되어 있는 오일이나 영양제로 두피 마사지를 자주 해준다.

(4) 뻣뻣하고 거칠어진다.

뻣뻣하고 거친 모발은 건조한 바람에 많이 노출되면 그 증상이 더욱 깊어진다. 이런 트러블은 일단 겸용샴푸 사용은 피하고 일주일에 두 번씩 영양제를 바르고 스팀 타월을 이용해 수분과 영양 공급을 충분히 해준다.

3) 모발의 손상 원인에 따른 분류

모발손상 원인에 따른 분류를 하면 생리적 원인, 일상적 원인, 화학적 원인, 환경적 원인 등이 있다.

생리적 원인에는 영양결핍, 다이어트, 편식, 스트레스, 호르몬 관련 질환 등이고, 일상적 원인은 샴푸, 드라이, 전기 아이롱, 브러싱 등이 있고, 화학적 원인에는 염색, 탈색, 퍼머, 스타일 제품 사용 등이 있고, 환경적 원인에는 자외선, 수지 및 대기, 수영장물 등이 있다.

모발손상 정도에 따른 분류는 형태적 손상, 모발내부의 손상 등으로 나뉘면 형태적 손상은 모표피의 박리, 소실, 모표피 주름, 열모, 지모, 단모, 기타 모발의 외관상 비정상적인 상태 등을 들 수 있다.

모발 내부의 손상은 모피질 및 수질층을 이루고 있는 성분의 일부가 물리적, 화학적 변화로 인하여 악화 또는 유실되는 손상으로 천연보습인자, 간충물질의 유실에 의한 다공성모, 수분 손실로 인한 건조성모, 케라틴 구조의 약화로 탄력성 저하 등이 있다.

4) 손상레벨 기준

손상레벨 비교	0	1	2	3	4	5
윤기감 (신생부의 건강한 모발과 비교)	윤기감 있어 아름답게 빛 반사	윤기가 조금 좋지 않다.	윤기가 조금 좋지 않다.	윤기에 흐트 러짐이 있다.	윤기가 없고 모선이 엷은 갈색이다.	윤기가 없고 모선이 엷은 갈색이다.
감촉 (모속을 얇게 잡아, 손가락으로 빗질)	매끈매끈한 감촉	조금 뻣뻣한 느낌이 있다.	뻣뻣하여 브러 싱할 때 정전기 가 일어난다.	뻣뻣하여 브러 싱하기 어렵다.	푸석함이 느껴 진다. 브러싱 에서 걸린다.	푸석푸석하다. 손가락으로 빗었을 때 걸린다.
윤기 (물스프레이로 분무 시 모발건조 정도)	물을 튕긴다. 윤기가 충분 하다.	물을 겉돌게 한다. 조금 건조해 있다.	물을 조금 흡수한다. 건조해 있다.	물을 흡수하기 쉽다. 건조해 있다.	타월드라이에 서도 건조한 부 분은 어느 정도 푸석한 느낌	타월드라이 해서도 표면이 건조할 만큼 푸석푸석하다.
탄력, 강도 (모속을 얇게 잡 아 구부리거나 잡아당김)	탄력이 있다.	탄력이 있다.	탄력이 조금 약하다.	탄력이 약하다.	탄력이 없고 젖은 상태에서 당기면 극단적 으로 늘어난다.	젖은 상태에서 당기면 끊어지 는 모발이 있다.

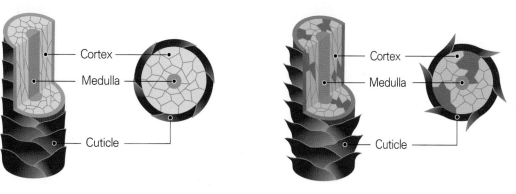

건강모

손상모

SCALP
HAIR
CARE

제2장

두피관리

❶ 두피관리의 정의

두피관리란 두피의 청결과 건강을 위한 다양한 미용적 시술, 일상적인 샴푸나 두피 스켈링 및 트리트먼트를 시술하고 두피관련 기기를 이용한 두피문제를 개선, 관리하여 모발의 생성 및 두피건강을 저해하는 이물질과 기타의 오래된 피부분비물(피지, 땀 등)을 제거하고 두피 및 모발에 필요한 영양을 공급함으로써 두피의 건강뿐 아니라 모발의 성장을 원활히 하도록 도와주는 관리를 말한다.

1) 두피관리의 목적

두피관리는 두피 내 노화된 각질이나 피지산화물 등을 두피 스케일링을 이용해 제거해줌으로써 각화주기를 정상화시키고 모공 내 제품 침투력도 높여 두피 신진대사 기능이 향상되는 효과를 가져온다.

또한 관리 시 적용하는 마사지를 통해 혈액순환을 촉진시켜 결과적으로 문제성 두피와 탈모를 사전에 예방할 수 있다.

    ① 두피관리의 효과
- 두피의 신진대사기능 상승
- 원활한 혈액순환
- 제품의 높은 침투력
- 올바른 모발 트리트먼트 효과
- 문제성 두피예방 및 관리

❷ 두피의 정의

두피는 두부(頭部)를 보호하고 있는 피부조직으로 외부의 물리적 자극이나 화학적 변화를 완충시켜 두부 내부를 유지하고 보호하는 부분이다. 건강한 모발을 생성하기 위한 바탕이 되는 두피는 인체조직 중 다른 어떤 부분보다도 모낭과 혈관이 풍부하여 신경분포도 조밀하고 섬세한 구조를 가지고 있다.

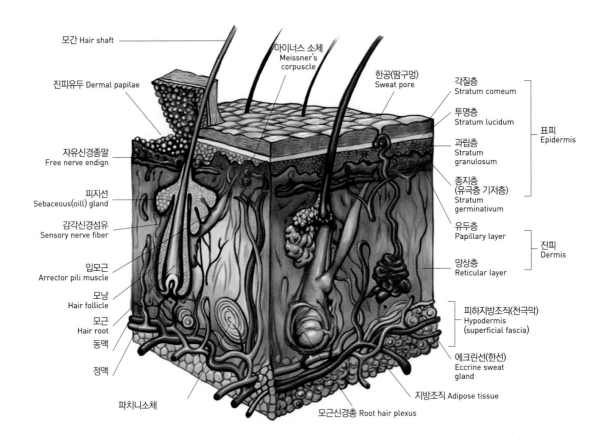

모간 Hair shaft

마이너스 소체
Meissner's
corpuscle

한공(땀구멍)
Sweat pore

각질층
Stratum corneum

투명층
Stratum lucidum

과립층
Stratum
granulosum

종지층
(유극층 기저층)
Stratum
germinativum

표피
Epidermis

진피유두 Dermal papilae

자유신경종말
Free nerve endign

피지선
Sebaceous(oill) gland

감각신경섬유
Sensory nerve fiber

입모근
Arrector pili muscle

모낭
Hair follicle

모근
Hair root

동맥

정맥

유두층
Papillary layer

망상층
Reticular layer

진피
Dermis

피하지방조직(천극막)
Hypodermis
(superficial fascia)

에크린선(한선)
Eccrine sweat
gland

파치니소체

모근신경총 Root hair plexus

지방조직 Adipose tissue

1) 표피

표피는 외부의 환경과 직접 접촉하는 부분으로 우리가 육안으로 볼 수 있는 겉껍질이라 할 수 있다. 일반적인 표피의 두께는 0.1~0.3mm이다.

(1) 각질층

표피층의 가장 바깥쪽에 있으며 케라틴이라는 핵이 없는 죽은 각질세포로 구성되어 있다. 견고한 각질층의 결합구조는 외부로부터 제품 및 세균 침입을 막아주는 역할을 하며 각질층에 존재하는 천연 보습인자(natural moisturizing factor)는 수분증발을 억제한다.

(2) 투명층

단백질로 구성되어 손이나 발바닥에 다수 존재하며 생명력이 없는 반유동성의 엘라이딘(eleiden)이 들어 있어 투명하게 보인다.

(3) 과립층

투명층 아래의 3~5층의 납작한 과립세포로 내부의 수분 증발을 막아주어 피부 건조화 현상을 방지하고 두피에 발생하는 다양한 피부염을 억제한다.

(4) 유극층

표피층 중 가장 두꺼운 층으로 핵이 존재하는 가시 모양의 돌기를 지닌 유극세포로 구성되어 가시층이라고도 한다. 유극층은 림프액이 순환하고 있어 인체의 노폐물 및 독소를 운반하며 혈관이 존재하지 않는 표피층의 각 세포에 영양분을 공급한다.

(5) 기저층

표피층 중 가장 아래 부위에 위치한 부분으로 각질층을 통하여 떨어져 나간 각질을 대신하기 위하여 세포분열을 하는 층으로 멜라닌 색소 세포인 멜라노사이트가 존재하고 있어 피부 특유의 색을 결정한다.

① 각화과정

두피는 세포분열을 반복해가며 일정한 주기에 따라 각화과정을 거치게 되는데, 이때 각화과정은 두피 표면의 피부각화 현상과 두피 내의 모낭에서 발생하는 모발의 성장으로 나눌 수 있다.

② 두피표면에서의 피부 각화

기저층에서 만들어진 세포는 새롭게 생성된 세포에 의해 피부의 표면을 향해 이동해 나가며 차차 세포의 모양이 바뀌고 수분 손실량도 커진다. 기저층, 과립층, 각질층의 형태로 변하며 약 28일 주기로 새로운 상피 세포가 생성된다.

③ 모낭에서의 모발 생성

모발은 모유두의 모모세포가 영양분을 흡수하여 세포분열을 하는 과정으로 생성된다. '모발이 자란다'라는 의미는 모발의 각화과정으로 모모세포의 분열로 인해 밀려 올라간 세포가 수분을 감소시켜 점차 딱딱해지는 것이라 하겠다.

2) 진피

피부의 90% 이상을 차지하는 진피는 표피의 바로 밑 부분으로 교원섬유와 탄력섬유 그리고 기질로 구성되어 있어 피부의 팽팽함과 탄력을 만들어 준다. 또한 모발의 근원인 모낭이 생성되고 성장하기 때문에 두피와 탈모의 이해에 중요한 피부조직이다.

(1) 유두층

표피의 바로 밑과 진피층의 상부에 존재하는 유두층은 많은 양의 수분을 함유하고 있어 피부의 팽창과 탄력에 영향을 주며 모세혈관을 통해 기저세포에 영양과 산소를 공급해 주는 역할을 한다.

(2) 망상층

그물의 형태를 하고 있는 망상층은 교원섬유와 탄력섬유가 있어 신체 내부를 보호하고 탄력성과 신축성을 부여하는 단백질 섬유의 형태로 존재하여 표피층에 영양을 준다.

3) 피하지방

진피의 아랫부분과 뼈 사이의 조직을 말하는 것으로 인체가 소비하고 남은 여분의 지방이 다량 함유되어 있어 혈관과 신경을 받쳐주는 쿠션 역할을 하는 동시에 외상과 추위로부터 인체를 보호하는 역할을 한다. 미용상으로는 사람의 체형과 관계가 깊으며 두피의 경우에는 피하조직층이 평균적으로 일반조직의 피하지방층보다 얇게 존재한다.

④ 두피의 기능

1) 보호의 기능

두피는 뇌를 중심으로 한 피부, 근육, 뼈조직 등을 외부의 충격으로부터 보호하며 각종 박테리아나 세균의 감염 등에 대해 뇌를 보호하는 기능을 가지고 있다.

2) 호흡의 기능

인체는 폐를 통한 호흡이 97% 정도 이루어지지만 피부조직을 통한 외부로부터의 산소공급 또한 전체 호흡량의 1~3% 정도를 한다. 피부조직의 하나인 두피 또한 이러한 피부호흡의 기능에 관여하고 있다.

3) 흡수의 기능

두피조직은 모발성장에 필요한 영양분을 외부로부터 흡수하는 기능을 가지고 있다. 영양분의 두피 속 흡수는 표피세포를 통하여 흡수되는 것보다는 모공을 통하여 흡수될 경우 흡수율이 더욱 높다.

4) 분비의 기능

두피조직은 피지를 분비하는 피지선, 땀을 분비하는 한선이 존재하고 있으며 두피에서 생성된 피지막 은 두피의 세균감염에 대한 방어와 살균능력, 보습기능, 비타민 D 생성의 기능을 하고 있다.

5) 배설의 기능

인체는 신진대사기능을 하고 남은 잔여물을 신장이나 항문, 폐 등을 통하여 체외로 배출하고 있으며 그 중의 일부인 모발은 중금속 등의 유해물질을 체외로 배설하는 기능을 한다.

6) 체온조절의 기능

인체는 항상 36.5℃를 유지하는 항상성을 지닌다. 피부에서 분비되는 땀은 인체의 체온유지에 도움을 주고 있으며 피부조직의 모세혈관은 피부 발한작용을 통하여 체온을 일정하게 유지하려고 한다.

⑤ 두피의 종류

두피는 피지량, 수분량, 두피톤, 각질 유무, 모발의 밀도, 굵기 등에 따라 몇 가지 유형으로 분류할 수 있다.

1) 정상두피(Plain scalp)

정상두피는 두피에 관한 일반적인 기준이 되는 유형으로 연한 살색 또는 연한 청백의 맑고 투명한 톤을 띠고 있다. 노화각질이나 불순물이 없이 모공 주변이 깨끗하며 모공이 열려 있어 영양분이 쉽게 흡수된다. 한 개의 모공에 1가닥 2~3가닥의 모발이 건강하게 자라고 있으며 모공의 상태도 선명하고 오목하다. 경우에 따라 정상두피는 모간의 안쪽 부분까지 볼 수 있으며 모발 밀도에 있어서도 일정한 간격을 유지하고 있다.

(1) 판독요령

① 두피톤 : 우유빛, 청백색 및 투명한 톤이다.
② 모공상태 : 선명한 모공라인이 열려져 있고 각질 비듬이 없다.
③ 모발개수 : 한 모공당 1~2개 존재한다.

정상두피

④ 노화각질 및 피지산화물 : 거의 존재하지 않는다.
⑤ 수분함량 : 10~20% 정도이다.
⑥ 모발의 굵기 : 모발의 굵기는 전두부, 후두부, 측두부 굵기가 거의 일정하게 보인다.
⑦ 모발밀도 : 빈 모공이 거의 없다. 모발의 분포도가 전두부, 후두부, 측두부가 거의 일정하게 분포되어있다.

⑧ 피지상태 : 원활한 피지 분비로 윤기가 적당하게 있고 매끄러운 상태이다.

⑨ 예민도 : 두피에 홍반, 염증, 충혈된 모세혈관 등을 볼 수 없고 맑고 투명한 상태이다. 예민도가 없고 가렵거나 따갑지 않다.

⑩ 한선(땀샘) : 한선은 모발진단기로 보면 빈 모공과 비슷하나 빈 모공에 비해 규모가 작으며, 윤곽선이 뚜렷하지 않은 상태로 존재한다.

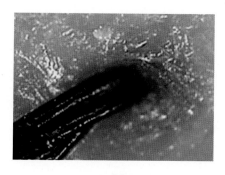
건강한 두피 모공

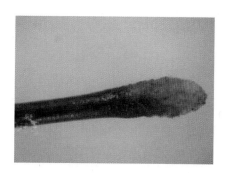
건강두피의 모구

2) 건성두피(Dry scalp)

수분의 부족과 피지분비 이상으로 피지분비가 부족해서 일어나는 현상으로 두피에 각질 및 비듬이 하얗게 쌓여 있고 두피에서 떨어진 각질에 의해서 모공 주변이 막혀 있고 두피가 불규칙하게 갈라져 보이는 두피 유형이다. 노화된 각질이 두텁게 쌓여 있어 탁하거나 얼룩져 보이기도 하지만 전체적으로는 정상두피에 가까운 투명한 톤이나 청백색의 톤을 띠고 있다.

(1) 원인

① 내적요인

- 호르몬 분비 이상, 비타민 섭취 이상과 같은 영양 불균형, 스트레스 과립층 아래에 존재하는 수분유실

② 외적요인

- 잦은 드라이, 화학시술, 각질층 부위에 수분이 유실
- 내적요인보다 손쉽게 발생하는 외적요인이 더 크다.

(2) 판독요령

① 두피 톤 : 창백한 백색이며 불투명하다. 정상두피와 비슷한 톤이다.

② 모공상태 : 각질이 모공을 덥고 있어 윤곽선이 불분명하고 다소 막혀 있다.

③ 모발상태 : 모표피가 약간 들떠 있고 건조하며 각질도 약간 묻어 있다.

④ 모발밀도 : 정상두피와 비슷하거나 경우에 따라 밀도가 낮을 수 있다.

⑤ 수분함량 : 각질층 수분 10% 미만으로 존재한다.

⑥ 피지정도 : 건성두피의 발생에 있어 수분증발다음으로 문제가 되는 것이 피지의 상태로 건성두피에 있어 피지 분비는 매우 중요하다. 건성두피는 1일 정도 지나야 정상두피의 피지량과 비슷하다. 두피의 피지를 보기가 힘들다. 피지 측정은 샴푸 후 3~6시간 후에 측정한다.

⑦ 예민도 : 두피에 유·수분이 부족하여 건조한 상태이다. 건조한 상태라서 조금 가렵고 건성이 심하면 따가울 수도 있다. 심하면 예민성 두피로 변한다.

지성두피

3) 지성두피(Oily scalp)

과다한 피지분비와 노화각질의 영향에 따른 피지산화물의 누적이 원인이 되어 나타나는 유형으로 두피에 악취와 함께 염증이나 가려움증을 동반하는 특징을 지닌다. 물이 고여 있는 듯 촉촉한 상태로 정상두피와는 달리 투명감이 없어 둔탁해 보이는 지성두피는 모공 주변이 심하게 막혀 있고 끈적임 현상이 두드러지게 나타난다. 모발의 탄력 저하와 연모화 현상을 볼 수 있으며 모발의 밀도도 적어질 수 있고 빈 모공의 수도 늘어나는 경우도 생긴다.

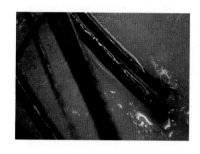

지성두피

(1) 판독요령

① 두피 톤 : 약간의 황색톤(피지산화)이며 얼룩현상이 보인다.

② 각질정도 : 노화각질이 넓고 두꺼운 층을 이루고 있다. 피지 확인을 위해 스파츌라 등을 이용해 두피를 긁어 확인한다.

③ 모공상태 : 피지가 모공에 고여 있으며, 다수 막혀 있어 평면과 같다.

④ 모발상태 : 모표피 확인이 힘들 만큼 과다한 피지에 젖어 있다. 이물질 등이 피지 분비물에 흡착하여 탄력저하 두피에 밀착되는 현상이 일어난다.

⑤ 피지 분비량 : 분비량이 많고 산화된 피지를 볼 수 있다. 피지산화물 냄새가 난다.

⑥ 수분함량 : 각질층의 수분 20% 이상 존재한다.

⑦ 예민도 : 건성두피에 비해 낮은 편이다.

⑧ 가려움, 염증 정도 : 지성이 심해져서 지루성이 되면 회복기간이 오래 걸리고 세균에 의한 장기적인 현상이 일어나고, 근본적인 피지밸런스를 맞춰 줘야 한다.

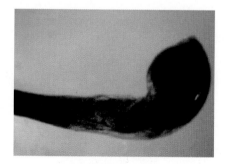

지성두피의 모구모양

4) 비듬성 두피(Dandruff scalp)

두피의 표피가 각질화한 것으로 묵은 세포가 새로운 세포에 밀려 올라가 두피에 이르러 각질화되는 것을 말하며 두피로부터 떨어져 나오지 못하고 쌓여있는 형태를 말한다.

비듬의 원인은 두피각질의 건조, 피지분비의 항진과 세균번식, 과다한 피지분비 및 노폐물, 남성호르몬의 분비, 비듬균인 말라세이아균의 이상증식, 호르몬의 불균형, 유전 요인, 환경적 요인, 생리적 요인 등에 의해 발생하는 두피유형으로 혼탁한 두피 톤을 유지하고 있으며 연한 살색, 또는 흰색의 우윳빛에 가까운 색상을 띠고 있다. 비듬입자가 작고 무게감이 없으며 두피 당김 현상이 심하게 나타나는 건성비듬과 입자가 크고 무게감이 있으며 쉽게 떨어지지 않고 두피, 모발에 흡착되어 있는'지성비듬' 그리고 그 혼합형인 혼합형 비듬이 있다.

비듬을 일으키는 또 다른 원인은 스트레스(호르몬의 불균형과 자율신경 실조), 식생활(지방, 탄수화물, 탄산음료, 인스턴트 과다 섭취), 표피조직의 신진 대사 불균형(비타민·미네랄 부족 등), 염증(약품, 화장품), 불규칙한 생활, 과도한 땀 분비 등이 있다.

(1) 건성 비듬성 두피 판독 요령

① 비듬상태 : 입자가 작고 연한 흰색, 두께가 얇고, 부스러지기 쉽다.
② 두피 톤 : 백색톤으로 모공 주변이 열려 있다.
③ 모공상태 : 비듬이 모공주변에 다량 존재하고 막혀 있다.
④ 모발밀도 : 불규칙적이며 연모화되어 있다.
⑤ 피지 분비량 : 두피 피지분비량이 10% 미만으로 적다.
⑥ 노화각질 및 피지 산화물 : 모공주변을 막고 모공주변 각질 들뜸 현상이 보인다.

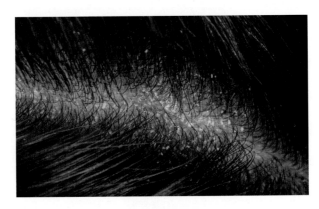

건성 비듬성 두피

(2) 지성 비듬성 두피 판독 요령

① 비듬상태 : 여러 장의 판이 하나로 연결되어 큰 형태의 비듬이다. 피지덩어리로 황색의 비듬이 존재한다.

② 두피 톤 : 황색톤으로 불투명이다.

③ 모공상태 : 막혀 있다.

④ 모발밀도 : 불규칙적이다.

⑤ 피지 분비량 : 20% 이상으로 많다. 비듬과 이물질이 두피존재로 모공을 통한 피지분비가 쉽게 이루어지지 않는다.

⑥ 노화각질 및 피지 산화물 : 눅눅하고 두텁게 존재한다.

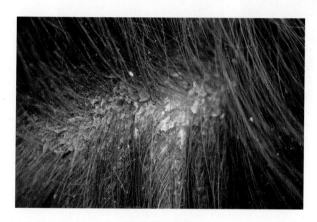

지성 비듬성 두피

(3) 비듬의 예방 및 관리

① 스트레스를 줄이고 규칙적인 생활을 한다.

② 머리를 깨끗이 하고 자주 샴푸한다.

③ 비타민 등 영양분 섭취를 한다.

④ 비듬전용샴푸를 사용한다.

5) 예민성 두피(Sensitive scalp)

　모세혈관이 확장되어 있어 외부의 약한 자극에도 따갑거나 발열현상으로 예민하게 반응하는 두피타입으로 붉은 톤을 띄며 표면에 홍반 및 염증 또는 가느다란 실핏줄이 육안으로 확인된다. 예민성 두피는 건성, 지성, 비듬성 두피 등 어느 두피에도 관찰될 수 있으며 세균, 바이러스의 침투에 대한 저항력이 약해서 가려움증이 동반되기도 하며 홍반의 경우 특정 부위에서만 발생하기보다는 확산되거나 모낭염으로 이어지는 경우가 있다.

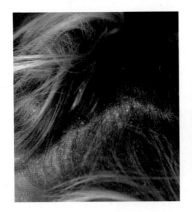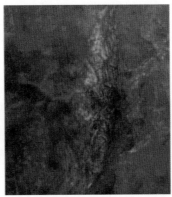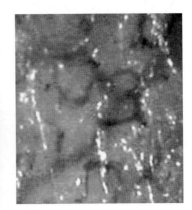

예민성 두피

(1) 판독 요령

　① 두피 톤 : 얼룩이 있고 붉은 톤을 띤다. 모세혈관의 충혈을 여러 곳에서 볼 수 있다.

　② 각질층 : 얇은 두께를 형성한다.

　③ 모공상태 : 다양하게 보인다.

　④ 모발굵기 : 오래 되면 굵기가 가늘어지고 밀도가 낮다.

　⑤ 노화각질 및 피지 산화물 : 얇은 층으로 구성되어 있으며 타입에 따라 다양하다.

　⑥ 예민도 : 가려움, 염증, 홍반을 유발한다.

6) 지루성 두피

피지선의 왕성한 활동으로 비듬과 피지가 과다하게 분비되어 염증이 생기는 유형으로 외관상으로는 예민성 두피와 지성 두피의 혼합형으로 보면 무리가 없다. 남녀노소 누구에게나 생길 수 있는 것으로 재발의 가능성이 높다. 두피톤은 황색이나 적색에 가깝고 모공은 막혀 있다. 피지분비량은 많으며 염증으로 인해 두피가 붉게 부풀어 오른 형태가 많다. 가려움증을 동반하고 탈모를 촉진하는 상태로 발전하게 된다.

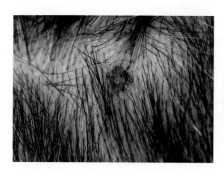 

지루성 두피

(1) 판독 요령

① 두피 톤 : 황색이나 적색으로 보인다.
② 모공상태 : 막혀 있다.
③ 모발 탄력도 : 낮다.
④ 예민도 : 균에 의한 염증으로 예민하다.
⑤ 피지 분비량 : 많다.

7) 두부백선

일종의 버짐과 같은 형태로 50원 동전 크기의 명확한 이상경계를 보이며 두피에 발생하는 전염성 피부염이다. 두피톤은 회백색이며 인설이 보이고 모공은 막혀 있다. 각질이 두껍게 존재해 둥근 원형 형태로 특정 부위가 아닌 두상 전체에서 발생 가능하며, 발생 부위에 각질이 과다하게 발생할 수 있고 주로 어린이에게 많이 나타나며 전염성이 있다.

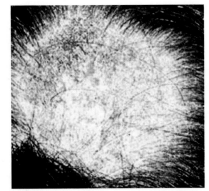

두부백선

(1) 판독 요령

① 두피 톤 : 회백색을 띠며 인설이 보인다.

② 모공상태 : 막혀 있다.

③ 각질정도 : 두텁게 존재한다.

④ 진물 및 염증 : 발생형태에 따라 다르나 문제 부위 중심으로 염증이 보인다.

⑤ 버짐의 형태 : 50원 동전크기의 원형으로 나타나며 명확한 경계를 보인다.

8) 두부건선

두피 및 인체에 발생하는 만성 피부질환 중 하나로, 표피세포의 빠른 각화과정과 세포분열의 촉진 등으로 인하여 두피 전체에 각질이 두텁게 쌓여 은백색의 인설 형태로 이루어져 있다. 연령에 무관하고 기후 및 계절적인 영향을 받는다.

(1) 판독 요령

① 두피 톤 : 은백색의 인설이 보인다.

② 모공상태 : 막혀 있다.

③ 모발 탄력도 : 낮다. 예민, 통증, 염증이 높다.

④ 각질 두께 : 두텁게 쌓여 있다.

⑤ 염증성 탈모 및 연모화 현상이 나타난다.

9) 탈모진행형 두피

탈모가 진행되고 있는 두피상태를 말한다.

(1) 판독 요령

① 모발굵기 : 모발의 굵기는 가늘어지고, 모발의 색이 옅어진다.
② 모발밀도 : 모발의 밀도가 현저히 낮다.
③ 모공 수 : 정수리 부위에 빈 모공 수가 보인다.
④ 두피 톤 : 피지분비가 과하면 두피가 황색이고 윤기가 난다.
⑤ 모발탄력 : 모발의 탄력이 없어 두피에 밀착되어 보일 수도 있다.

6 두피이상의 원인

두개골의 보호작용과 모발생성의 근본인 두피조직은 크게 내적요인에 의한 손상과 외적요인에 의한 손상으로 구분되어진다.

1) 내적요인에 의한 손상

두피 손상의 원인 중 가장 문제시 되는 부분이며, 동시에 인체에 있어 두피 및 모발의 존재를 알 수 있는 부분이다.

(1) 호르몬분비 이상

인체에 존재하는 여러 종의 호르몬 중 남성호르몬은 피지선의 피지분비와 매우 밀접한 관계가 있는 호르몬이다. 탈모에 있어서도 '지루성 탈모증'과 '남성형탈모증'이 동시에 발생하는 경우가 많다.

(2) 식생활

인체의 건강상태와 밀접한 관련이 있는 식생활은 두피에 있어서도 크게 작용하며, 대표적인 것으로 비타민의 결핍, 자극적 음식의 섭취, 인스턴트 식품의 섭취 등을 들 수 있다.

Vitamin A의 부족현상은 두피 과각화 현상을 유발하여 두피 건성화의 원인으로 작용하며, 미백 비타민으로 알려진 vitamin C는 항산화 작용을 하므로 두피를 보호하는 작용을 한다. 또는 두피관리와 연관이 깊은 vitamin B군은 피지밸런스 조절을 통하여 두피의 유·수분의 밸런스를 맞추어주므로 두피의 지성, 건성화 등에 관여하고 있다.

(3) 소화기관 이상

'위'와 '작은창자'의 기능저하 및 이상변화는 음식물의 소화흡수와 영양분의 세포 내 흡수력을 저하시켜, 두피의 신진대사 기능 저하 및 둔화 등을 가져온다.

(4) 스트레스

스트레스는 인체의 각 기관에 작용하여 기능을 떨어뜨리거나 혹은 문제부위를 악화시키는 작용을 한다.

두피의 경우에는 혈관 수축현상과 스트레스 호르몬의 분비로 인해 두피 영양공급 저해 및 신진대사 기능저하를 가져오며, 또한 심한 경우 원형탈모 및 스트레스성 탈모와 같은 모발의 탈락을 유발하기도 한다.

2) 외적요인에 의한 손상

(1) 물리적 요인에 의한 손상

브러싱, 샴푸 시 두피자극이나 손톱으로 두피를 긁는 일, UP-Style 시 핀에 의한 자극, 가발의 착용, 세팅 등에 의한 손상이다.

(2) 화학적 요인에 의한 손상

화학적 손상은 대부분이 두피 예민화와 함께 과각화 현상을 동반하며, 심각한 경우 심재성 모낭염이나 탈모, 절모 등의 형태로 이어진다. 경우에 따라서는 제품사용의 변화만으로도 충분히 회복될 수 있으나, 대부분은 관리에 있어서 상당기간의 시간이 필요하다.
- 펌, 염모제 등 모발 시술제품을 이용한 잦은 시술
- 알칼리성 샴푸제의 사용

- 헤어 스타일링제의 잘못된 사용
- 자외선 및 적외선에 의한 손상
- 잘못된 두피제품의 선택 및 과다 사용
- 지나치게 잦은 두피 스켈링
- 수영장 및 바닷물에 의한 두피손상 등

(3) 환경적 요인에 의한 손상

- 바람 및 기후
- 계절의 요인
- 연령 : 신체는 평균적으로 20대 후반을 기준으로 하여 서서히 노화현상을 거치면서 둔화되는 세 포분열 현상을 나타내며, 이러한 현상은 피부조직의 각 부속기관에서도 동일하게 발생된다. 즉, 나이가 들면서 피지선 및 한선에서의 분비물의 분비저하로 인해 두피 건조화 및 당김 현상이 있다.
- 대기 오염
- 두피 불청결
- 세균, 곰팡이, 바이러스, 모낭염 등에 의한 손상 등이 있다.

7 두피관리 유형

1) 정상두피

현재의 상태를 지속적으로 유지할 수 있도록 하며 노화각질 제거, 유·수분 밸런스 유지에 초점을 맞추어 두피, 모발상태에 따른 제품적용에 최선을 다하도록 한다. 또한 매일 저녁 약산성 샴푸로 세정하고 완전 건조 후 취침하는 노력이 필요하다.

(1) 정상두피란

정상피부처럼 두피의 보습상태가 적절하여 표면에 윤기가 흐르고, 피지 상태가 정상적이어서 번들거리지 않으며, 탄력이 있고 적당한 모세혈관 확장으로 혈색이 좋다. 또한 정상적인 각화작용을 하는 건강한 두피이기 때문에 건성 두피, 지성 두피, 민감성 두피처럼 자연 탈모 외에는 별도의 탈모는 심하지않다. 특히, 한개의 모공에 한 방향으로 2~3개의 모발만이 자리 잡고 있는 건강하고 이상적인 두피 형태를 말한다.

(2) 관리법

정상두피라고 하여 관리를 소홀히 하면, 단시간 내에 두피의 유형이 지성화, 건성화 될 수 있기 때문에 올바른 두피관리만이 오랫동안 정상두피를 유지할 수가 있다.

- 유·수분의 원활한 공급과 국소혈류 장애를 개선시키기 위해 두피에 적당한 마사지를 해준다. (브러시 사용)
- 두피의 활성화와 안정화를 유지하기 위해 두피영양제를 골고루 도포해 준다.
- 외출할 때는 언제나 자외선 차단제(차단지수 15 정도)를 발라 두피를 보호해 준다.
- 샴푸나 세안 시 뜨거운 물과 차가운 물을 피하고 미지근한 미온수를 사용하여 자극을 피한다.
- 지나치게 건조하거나 기름기가 많은 두피케어제를 쓰지 않으며, 잦은 미용시술을 하지 않는다(펌, 염색, 블리치, 아이론, 드라이 등).
- 케어제품 선택 시에는 정상두피 전용 제품을 선택하여, 효과적인 수분 및 유분이 되도록 해야 한다.

(3) 관리초점

- 현재의 상태를 유지하는 것에 중점을 두어 관리한다.
- 정상적인 각화주기를 유지하기 위하여 각질이 쌓이지 않도록 청결에 신경쓴다.
- 영양공급의 균형을 맞추어 준다(두피, 식품).
- 샴푸주기는 현 상태를 유지한다.
- 어깨의 근육을 풀어 혈액순환이 원활히 되도록 한다.

(4) 관리과정

① 상담

② 사전 고객 진단(시진, 문진, 촉진)

③ 브러싱 및 마사지

④ 1차 헤어 스티머(5~10분 정도)

    - 두피에 부족한 수분의 공급 및 케라틴 단백질을 연화시키기 위한 단계

⑤ 스케일링제 도포

⑥ 2차 헤어 스티머(10분 정도)

    - 각질 연화제에 의한 연화작용

⑦ 두피 세정(정상 두피용)

⑧ 타월 드라이(두피 건조)

⑨ 두피 영양 공급(앰플) – 영양효과

⑩ 적외선 조사

    - 온열효과 제품의 경피흡수에 작용

    - 사용 시 두피로부터 약 30cm 정도 떨어진 거리에서 조사

⑪ 마무리

⑫ 홈케어

    - 지금의 현 라이프스타일로 유지한다.

(5) 주의사항

    정상두피에는 유·수분 보습상태를 적절히 유지하여 건성화, 지성화로 변화되지 않게끔 항상 두피 표면을 촉촉하고 부드럽게 해주어야 하며, 특히 자외선으로부터 과다한 노출을 막고 잦은 열기구 사용을 주의해야 한다. 또한 정상두피를 이상적으로 유지하기 위해서는 반드시 올바른 식생활 습관과 신체생체기능에 이상을 초래할 수 있는 행위는 될 수 있는 한 자제하는 것이 바람직하다.

2) 건성두피

    호르몬 밸런스 이상, 과다한 두피 스케일링 및 잦은 샴푸, 드라이가 일반적으로 원인이 되고 있는 건성 두피는 관리의 초점을 유·수분 밸런스에 맞추어 관리하는 것이 중요하다. 또한 일반샴푸보다는 기능성

샴푸를 선택하여 시간적 여유가 많은 저녁 시간대에 샴푸하는 것이 중요하다. 피지 조절에 포인트를 두어 마사지와 앰플을 적용하고 강한 열은 금하도록 한다.

(1) 건성두피란

두피가 건조하여 피지분비가 원활하지 못해 두피에 각질 및 비듬이 생성된 형태이거나, 샴푸 후 얼마 지나지 않아 두피가 당기고 가려운 형태, 혹은 2~3일 정도 감지 않아도 두피에 기름때가 확인되지 않을 때를 보통 건성두피라고 한다. 또한 건성두피는 건성피부와 마찬가지로 겨울이 되면 건조함이 더욱 심해지고 저항력이 약해져 상처가 나기 쉽고 피부병이 잘 생기며, 약간의 정전기에도 두피가 가려울 정도로 약해지기도 한다.

(2) 관리법

건성두피란 대체로 모공에서 유·수분이 정상 두피보다 적게 분비됨으로써 두피 표면에 기름막이 제대로 형성되지 않아 유·수분 부족 증상인 피부이다. 따라서 건성두피가 정상두피로 환원되기 위해서는 올바른 두피관리나 식생활 습관은 필수적이다.
- 샴푸와 케어 제품 등으로 두피에 적당한 수분을 공급한다.
- 샴푸나 케어 제품 등을 통하여 두피의 찌꺼기를 깨끗이 제거한 후 두피마사지 등을 통하여 두피의 혈액 순환을 원활히 한다.
- 케어제품의 선택 시에는 건성두피 전용 제품을 선택하여, 효과적인 수분공급 및 유분을 유지할 수 있도록 해야 한다.
- 두피의 트러블이 발생하기 쉬우므로 손톱 등으로 자극을 주지 않도록 세심한 주의가 필요하다.
- 스티머를 사용하여 두피관리 제품을 사용하게 되면 두피로의 흡수가 용이하므로 스티머를 이용하는 방법도 좋다.
- 외출 시 반드시 자외선 차단제를 이용해 최대한 탈수가 되지 않도록 해야 한다.

(3) 관리초점

- 영양결핍 시 식생활의 조절이 우선시 한다.
- 건조에 의해 생긴 각질을 먼저 제거한다.
- 막힌 모공의 세척과 혈액순환 촉진에 중점을 둔다.
- 깨끗해진 두피에 영양을 공급·관리한다.

- 건성 두피용 샴푸를 사용한다.
- 드라이의 과도한 열사용을 자제한다.
- 유·수분 공급으로 각질 세포를 진정시킨다.

(4) 관리과정

① 상담

② 사전 고객 진단(시진, 문진, 촉진)

③ 브러싱 및 마사지

④ 1차 헤어 스티머

⑤ 스케일링제 도포
- 각질연화제의 지나친 사용은 두피를 예민화시킨다.
- 크림타입을 사용한다.

⑥ 2차 헤어 스티머(5~10분 정도)

⑦ 두피 세정(건성 두피용)

⑧ 타월 드라이 / 두피 건조

⑨ 두피 영양 공급(앰플) - 영양효과

⑩ 적외선 조사

⑪ 마무리

⑫ 홈케어

- 스트레스 해소를 한다.
- 비타민 A, B 함유된 음식을 섭취한다.
  비타민 A는 두피건조 , 과각화를 방지한다.
  비타민 B는 피지발란스를 조절한다.
- 잦은 드라이, 화학적 시술을 피한다.

(5) 주의사항

대체로 일상생활에서 건성두피에 특히 나쁜 것은 과다한 드라이어 사용이다. 과다한 드라이어를 사용하게 되면, 건조한 두피의 소량의 수분마저 사라지게 되어 두피의 탈수 현상을 촉진시키게 되고 건성두피 증상을 더욱 악화시키게 된다.

따라서 건성두피에는 두피가 보유하고 있는 유·수분을 휘발시킬 수 있는 행위는 무조건 삼가해야 한다.

3) 지성두피

과다한 피지분비와 피지산화물의 잔류로 인한 세균의 이상증식이 문제가 되는 두피 유형으로 피지분비의 원인을 정확히 체크하는 것이 중요하다. 막힌 모공의 세척과 혈액순환 촉진에 중점을 두어 관리하며 인체 내외의 원인을 해소시키려는 노력이 필요하다. 뜨거운 물로 두피나 모발을 세정하는 것은 금물이며 세정 후 드라이로 가볍게 두피 및 모발을 말려준다.

(1) 지성두피란

민감성두피나 건성두피에 비해 모공 내 피지샘의 과잉활동으로 육안으로 보기에는 번들거리며 기름기가 많거나, 하루만 샴푸하지 않아도 두피에 기름기가 끼거나 심한 악취가 나는 형태, 혹은 샴푸 후 3~4시간 이내에 두피에 기름기가 재확인될 때를 보통 지성두피라고 한다. 그런데 지성두피는 민감성두피나 건성두피에 비해 반대로 여름이 되면 지성화가 더욱 심해지고, 피지나 유분과다에 따른 먼지와 세균 등으로 두피 트러블이나 탈모 진행속도가 몇 배는 빠르므로 빈번한 샴푸를 요하기도 한다.

(2) 관리법

- 샴푸와 케어제품 등으로 과도한 피지를 깨끗이 제거한다.
- 샴푸나 케어 제품 등을 통하여 두피의 피지 및 찌꺼기를 깨끗이 제거한 후 마사지 등을 통하여 두피의 혈액 순환을 원활히 한다.
- 샴푸를 선택 시에는 지성두피에 맞는 제품을 선택하여 효과적인 피지제거 및 클렌징을 할 수 있도록 해야 한다.
- 수증기를 쐬면 모공 속 피지가 녹고, 죽은 세포층이 제거되면 클렌저로 기름기가 있는 더러움을 제거한 후 다시 샴푸를 한다.
- 마무리는 찬물로 한다.
- 두피 영양제는 두피의 지성화를 더욱더 가중시키므로 되도록 피하는 것이 좋다.
- 지성두피의 경우 세균침투가 용이하므로 세균의 침투를 막기 위해 잦은 샴푸를 해 주어야 한다.
- 레몬즙이나 멘톨, 티올 성분이 있는 두피세정제를 사용하는 것도 좋다.

(3) 관리초점

- 두피 세정과 피지 조절에 초점을 맞추어 관리한다.
- 염증이 있을 경우 치료 후 관리한다.
- 피지 응고물을 제거한다.
- 피지의 산성을 되찾아 두피에 대한 보호 기능을 회복시킨다.
- 두피 자체가 신진대사를 원활히 하도록 하여 세균에 대한 저항력을 키운다.

(4) 관리과정

① 상담

② 사전 고객 진단(시진, 문진, 촉진)

③ 브러싱 및 마사지

④ 1차 헤어 스티머

⑤ 스케일링제 도포

    - 각질연화제 액상타입 사용

⑥ 2차 헤어 스티머

⑦ 두피 세정(지성 두피용)

⑧ 타월 드라이 / 냉 드라이(두피 건조)

⑨ 두피 영양 공급(앰플) - 피지조절

⑩ 적외선 및 광선요법

⑪ 마무리

⑫ 홈케어

    - 기름기 있는 음식을 피한다.

    - 당분섭취를 줄인다.

    - 자극적인 음식을 피한다.

(5) 주의사항

    지성두피에 특히 나쁜 것은 유지의 과잉섭취이다. 카레, 커피, 초콜렛, 아이스크림과 같은 유분이 많은 음식은 모발의 윤택을 유지시키기는 하나, 피지를 과잉분비시킴으로 인해 두피가 너무 기름지게 되어 모발의 성장 발육을 막는다. 따라서 다른 두피와는 달리 피지과다분비, 호르몬 불균형, 지방질이 많은 식생활, 스트레스를 각별히 주의해야 한다.

4) 예민성 두피

    예민성 두피는 각종 세균의 두피 내 기생 및 화학제품에 의한 두피자극 등이 원인이 되어 피부의 각화 주기 이상을 가져오는 유형으로 두피의 청결과 세균번식의 억제 및 예방에 포인트를 가지고 관리해야 한다. 저자극성의 식물성 샴푸를 선택하고 뜨거운 스팀타월, 사우나, 자극이 심한 마사지를 삼가야 한다.

(1) 예민성 두피란

　　외부에서 약간의 물리적 화학적 자극만 주어도 두피의 유형이 지성화 또는 건성화로 급발전거나, 육안으로 보기에는 면포와 같은 염증성 현상과 알레르기성 증상인 수포현상을 확인할 수 있을 때나 혹은 색소침착과 같은 상황인 형태처럼 과민한 반응을 보이는 두피 형태를 보통 민감성 두피라고 한다.

　　또한 민감성 두피는 유전적으로 피부가 얇고, 본인은 잘 모르지만 긁을 경우 쉽게 빨갛게 되거나 피가 나기도 하며, 자외선과 같은 환경에 장시간 두피를 노출하였을 경우 물만 닿아도 따갑고, 자극적인 느낌을 갖는다. 이때 지성형 민감성 두피는 뾰루지 같은 형태가 두피에 많고, 건성형 민감성 두피는 두피가 갈라져 부분적으로 피가 난다.

(2) 관리법

　　민감성 두피는 외부적인 환경요인으로부터 건성 두피와 지성두피와는 달리 면역성과 저항력이 매우 낮은 두피이다. 따라서 민감성 두피가 정상두피로 환원되기 위해서는 올바른 두피관리가 필수적이겠지만 심한 증상이 발생할 경우 피부과 전문의와 반드시 상의하는 것이 좋다.

- 샴푸와 케어 제품 등으로 두피에 적당한 수분을 공급한다.
- 샴푸나 케어 제품 등을 통하여 두피의 찌꺼기를 깨끗이 제거한 후 두피 마사지 등을 통하여 두피의 혈액순환을 원활히 한다(자극은 덜 주고 오랜 시간 동안하지 않는다).
- 케어 제품의 선택 시에는 민감성두피 전용 제품을 선택하여 효과적인 수분 및 유분공급이 되도록 해야 한다(해초류 성분의 머드팩이 좋다).
- 두피 트러블이 발생하기 쉬우므로 손톱 등으로 자극을 주지 않도록 세심한 주의가 필요하다.
- 스티머를 사용하여 두피관리제품을 사용하게 되면 두피로의 흡수가 용이하므로 스티머를 이용하는 방법도 좋다.

(3) 관리과정

① 상담

② 사전 고객 진단(시진, 문진, 촉진)

③ 브러싱 및 마사지

④ 1차 헤어 스티머

⑤ 스케일링제 도포

    - 각질연화제 도포 시 두피자극을 최소화한다.

    - 손으로 직접도포 한다.

⑥ 2차 헤어 스티머

⑦ 두피 세정(민감성 두피용)

⑧ 타월 드라이 / 냉 드라이(두피 건조)

⑨ 두피 영양 공급(앰플)

⑩ 적외선

⑪ 마무리

⑫ 홈케어

    - 알칼리성 샴푸제 자제하고 천연 식물 샴푸제를 사용한다.

(4) 주의사항

민감성 두피는 건성과 지성두피에 비해 면역과 저항력 면에서 매우 불안정한 상태이므로 강한 알칼리 성분이나 산성성분, 특히 휘발성이 강한 두피케어 제품은 절대 사용해서는 안되고, 주로 두피 강화를 도와 지성이나 건성쪽으로 유도할 수 있는 두피 강장, 염증방지제 혹은 세포재생을 주목적으로 하는 두피케어를 집중적으로 사용해야 한다.

5) 비듬성 두피

과도한 비듬은 두피의 이상을 나타내는 징후이므로 세균 등을 억제하는 특수 관리 등이 필요하다.

건성비듬은 피지가 부족하여 생기는 경우이므로 무리한 세정은 피하며 유·수분의 공급과 비듬균의 증식 억제에 중점을 두어야 한다. 지성비듬의 경우는 과도한 피지 분비가 원인이므로 피지조절과 균에 감염되지 않도록 살균이나 소독에 관심을 가지고 샴푸 후는 세균이 번식하지 못하도록 깨끗이 말린 다음 충분한 수면을 취하도록 한다.

(1) 관리법

- 스트레스를 줄이고 규칙적인 생활을 한다.
- 머리를 깨끗히 하고 자주 감는다.
- 비타민 B2가 풍부한 음식을 섭취한다.
- 비듬전용 약산성 샴푸를 사용한다.
- 일주일에 2~3회 전문제품을 이용해 두피 마사지를 한다.
- 주 1~2회 두피 스켈링을 받는다.
- 비타민 A가 함유된 크림이나 오일을 두피에 소량 도포한다.(건성두피)

(2) 관리초점

- 건성비듬 : 각질제거+보습관리한다.(살균, 소독)
- 지성비듬 : 관리 시 피지 밸런스 조절, 두피염증 제거, 진균의 활동을 증가시킬 수 있는 원인을 제거한다.

(3) 관리과정

① 상담

② 사전 고객 진단(시진, 문진, 촉진)

③ 브러싱 및 마사지

④ 1차 헤어 스티머

⑤ 스케일링제 도포

⑥ 2차 헤어 스티머

⑦ 두피 세정(비듬용 두피용)

⑧ 타월 드라이 / 냉 드라이(두피 건조)

⑨ 두피 영양 공급(앰플)

⑩ 적외선

⑪ 마무리

⑫ 홈케어

　　- 두피 청결에 힘쓴다.

　　- 영양분 충분히 섭취한다.

　　- 탈지력이 있는 제품 사용을 자제한다.

　　- 화학제품에 두피가 닿지 않도록 한다.

(4) 주의사항

- 일시적으로 빠른 관리 효과를 보기 위한 약용 샴푸의 잦은 사용은 두피의 예민화를 초래한다.
- 약용 샴푸의 잦은 사용은 균의 내성을 강화시킨다.

6) 탈모진행형 두피

　　탈모된 부위는 정상적인 두피보다 매우 약하므로 화학성분보다는 식물성의 저자극 샴푸제를 이용하여 샴푸하고 깨끗이 헹구어 준다. 또한 두부 마사지를 충분히 하여 혈액순환이 될 수 있도록 신경을 쓴다.

(1) 관리법

- 지나친 두피마사지는 피지선 및 활성효소의 자극과 모세혈관 충혈 등을 유발하여 두피신진대사를 악화시킬 수 있다.
- 두피상태를 고려하여 샴푸 및 홈케어 실시한다.
- 영양제품은 두피세정을 한 후에 도포한다.
- 영양부족 및 영양 밸런스 이상으로 탈모현상이 일어날 경우 영양분 섭취를 고르게 한다.
- 어깨근육을 자주 풀어 준다.

(2) 관리 초점

  - 최소 3~4개월 이전의 과거 상태를 파악한다.

    관리 과정 전에 과거 병력(갑상선질환, 빈혈, 다이어트) 및 과거의 두피상태(염증, 비듬, 지루성, 모낭충 여부 등)
에 대하여 체크한다.

  - 초기 탈모관리 및 두피 관리가 가장 중요하다.

(3) 관리과정

① 상담

② 사전 고객 진단(시진, 문진, 촉진)

③ 브러싱 및 마사지

④ 1차 헤어 스티머

⑤ 스케일링제 도포

⑥ 2차 헤어 스티머

⑦ 두피 세정(탈모 두피용)

⑧ 타월 드라이 / 냉 드라이(두피 건조)

⑨ 두피 영양 공급(앰플)

⑩ 적외선

⑪ 마무리

⑫ 홈케어

  - 물을 많이 마신다.
  - 채소, 과일 등 자연식을 먹는다.
  - 스트레스 최대한 줄이고, 적당량의 운동과 충분한 수면을 취한다.
  - 영양분 골고루 섭취한다.

(4) 관리 시 주의사항

- 지나친 관리효과를 고객에게 전달하는 것은 금한다.
- 두피 세정 후 영양 도포한다.
- 관리 시 스트레스 해소 및 라이프스타일에 대한 조언에도 힘쓴다.

SCALP HAIR CARE

SCALP
HAIR
CARE

제3장

탈모

① 탈모

생리적으로 머리털이 빠지는 것을 탈모라 한다.

머리털뿐만 아니라 털은 모두 일정한 성장기간이 지나면 성장이 정지되고 휴지기에 들어가서 탈모하여 다시 털이 나는 일을 되풀이 한다. 이것을 털의 성장주기라고 한다. 눈썹·속눈썹·솜털 등은 6개월 이하인 데, 머리털은 성장기가 길고(3~6년 이상) 휴지기가 짧다(2~4개월 이하). 그리고 1개씩 독립된 성장주기를 가지 며, 성인은 머리털의 2~5% 이하가 휴지기에 있다고 한다.

휴지기에 들어간 털은 색소가 엷으며 윤기가 없고 모근(毛根)도 가늘며, 세발이나 빗질로 쉽게 빠진다. 또 발열성 질병, 임신, 정신적 스트레스 등에 의하여 성장기의 털이 갑자기 휴지기에 들어가 많이 빠지는 일이 있는데, 원인이 제거되면 회복된다.

모발의 주기를 지키고 난 후 휴지기에 빠지는 탈모를 정상탈모라 하고 어떠한 원인에 의해 성장기, 휴지 기에 빠지는 탈모를 이상 탈모라 한다.

1) 자연탈모(정상탈모)

(1) 정의

정상적인 모발의 모주기 기간(Anagen-Catagen-Talogen)을 통하여 탈락하는 모발을 말하는 것으로 건 강한 사람의 경우 50~100본 정도/1일 탈모되며, 1일 탈모량의 경우 계절적인 영향 및 연령 등에 따 라 수치가 조금 높아질 수도 있으나, 보통 1일 탈모량이 100본 이하일 경우 일반적으로는 모두 자연 탈모의 범주 안에 속한다. 또한 모발의 탈락강도는 성장기 모발의 경우에는 '약 50~80g 정도의 물체 를 드는 힘'으로 당길 경우 탈락되며, 휴지기모의 경우에는 '약 20g 정도의 물체를 드는 힘'으로도 쉽 게 빠지는 특징을 지니고 있다.

(2) 특징

탈모의 원인을 판단하는 요인들 중에 대표적인 것으로 '모근의 형태판독'이 있으며, 자연탈모의 경 우에는 모근 부위에 이물질이 부착되어 있지 않은 상태로 '둥근 곤봉형'의 형태를 띠고 있다. 또한 자 연탈모된 모발의 굵기는 기존의 모발 굵기와 큰 차이를 나타내고 있지 않지만, 이상탈모의 경우에는 모발의 굵기에 연모화 현상이 두드러지게 나타나는 차이를 보이고 있다. 특히 자연탈모로 인하여 생 긴모공에서 새롭게 자라는 신생모의 경우 일정시간 후에 기존 모발의 굵기와 비슷한 형태를 띠고 있 으며, 모발의 성장기간에 있어서도 기존 탈락모와 비슷한 기간을 유지하고 있다.

2) 이상탈모

(1) 정의

인체의 비정상적인 현상 및 두피 불청결 등과 같은 외부적인 요인 등으로 인하여 모발의 성장주기가 짧아지거나, 혹은 성장주기에 변화가 생겨 필요 이상으로 1일 탈모량이 많이 늘어나거나, 모발이 가늘게 생성되는 현상을 말한다.

이상탈모의 경우 1일 탈모량은 일반적으로 약 120~200본 정도/1일 탈모량의 현상을 보이고 있으며, 대부분은 상당기간을 두고 서서히 탈락되지만, 경우(질병, 원형탈모 등)에 따라서는 어느 날 갑자기 탈모량이 늘어나는 현상을 보이기도 한다.

(2) 특징

이상탈모의 원인이 다양한 만큼 모발에 대하여 나타나는 현상 역시 다양한 특징을 지니고 있지만, 공통적인 부분은 모발이 점차적으로 연모화 현상을 나타내며, 원인에 따라 모근의 형태에도 변화가 생겨 다양한 형태로 보이는 것이 특징이다. 이상탈모된 부위에서 자라난 신생모의 경우에는 점차적으로 모발의 성장기가 짧아져, 두피에 존재하는 시간이 기존모(이상탈모로 인해 빠진 모발)에 비해 단축되는 특징을 지니고 있으며, 모발의 색상이 점차적으로 연한 갈색 톤으로 변화되는 현상을 보인다.

또한 모발의 탈락강도가 정상적인 자연탈모에 비해 현저히 떨어져, 성장기 기간에 속하여 있는 모발이라 하더라도 자연탈모의 휴지기모 정도의 탈락강도를 유지하고 있어 쉽게 탈락되는 특징을 보인다.

2 모발성장주기에 영향을 미치는 요인

① 영양소의 부족

② 혈액순환의 장애

③ 모유두 기능의 정지 및 쇠퇴

- 화상, 염증, 외상, 미용 화학제품에 의한 손상, 머리 묶음에 의한 모유두 손상 등

④ 스트레스에 의한 자율신경계의 혼란

- 정신적 긴장 상태에서는 교감신경이 활발히 작용하여 혈관을 수축 → 혈행장애

⑤ 내분비의 장애

- 호르몬의 장애

3 탈모와 호르몬

1) 내분비선의 종류와 역할

(1) 뇌하수체 전엽(Anterior Pituitary)

뇌하수체는 일명 내분비계를 지배하는 선(Master gland)으로서 갑상선 자극 호르몬(TSH), 부신 피질 자극 호르몬(ACTH), 성장 호르몬(GH), 난포 자극 호르몬(FSH), 황체 형성 호르몬(LH), 프로락틴(PRL)을 생성한다.

뇌하수체의 이상이 있으면 갑상선 호르몬 및 부신피질 호르몬, 성장 호르몬 등의 분비를 억제하거나 촉진시키게 되어 모발의 성장에 장애를 초래하게 된다.

일부 연구에서는 뇌하수체의 이상이 있을 때 탈모가 일어나며, 뇌하수체 호르몬의 투여로 모발의 발육이 좋아진다는 실험결과가 있기도 하다.

(2) 갑상선 호르몬(Thyroxine)

갑상선은 2개의 엽으로 구성되어 있으며 목의 전면부에 위치하고 있으며, 갑상선 호르몬은 신진대사와 매우 밀접한 관계를 가지고 있다.

쉽게 이해하기 위해서 갑상선 호르몬은 차의 엔진과 같다고 생각하면 된다. 갑상선 호르몬의 기능이 저하될 때는 차의 엔진 기능이 저하된 것과 같이 휘발유의 연소율이 떨어지고 속도가 저하되어 차의 기능을 제대로 못하는 것과 같으며, 기능 항진 시에는 과다한 엔진 기능의 상승으로 휘발유의 연소율이 증진되고 급발진과 같이 속도가 비정상적으로 증진되는 것과 같다고 생각하면 될 것이다.

갑상선 기능이 저하 시에는 모든 신체 과정이 늦어지므로 모발의 성장에 충분한 영양분 및 세포분열이 저하되므로 모발이 가늘어지고, 윤기가 없으며, 탈모와 같은 증상이 나타나게 된다.

이와 반대로 기능 항진 시에는 초기 모발의 발육은 양호하나 체온의 상승 및 땀이 많이 흐르고 쉽게 피로감을 느끼게 되고 체중이 감소됨에 따라 모발의 상태 또한 탈모의 증상이 나타나게 된다.

- 뇌하수체 호르몬(고나도트로핀) : 모든 호르몬을 통제, 조정
- 갑상선 호르몬 : 모모세포의 분열과 증식에 많은 영향
- 여성 호르몬(에스트로겐) : 모발성장 촉진, 체모발육 억제
- 부신피질 호르몬(부신성 안드로겐) : 성모와 체모를 형성하는 호르몬(탈모의 원인 = 호르몬)
- 황체호르몬(프로게스테론) : 배란된 난포에서 생성, 남성호르몬과 동일한 역할(탈모의 원인 = 호르몬)

(3) 부신피질 호르몬(Corticosterone)

부신피질은 생명에 필수적일 뿐만 아니라 스트레스 상태에 매우 중요한 역할을 하며 양측 신장의 상단에 인접해 있다.

부신피질에서는 Na+ 균형과 세포외액량을 조절하는 염류 코티코이드(Mineralocorticoid)와 탄수화물과 지방대사에 관여하는 당류 코티코이드(glucocorticoid), 음모 및 액모 등 2차 성징 및 생식기 발현과 관련된 남성호르몬 안드로겐(androgen)이 분비된다.

특히 안드로겐의 경우 부신피질의 기능저하 시 여성에서 음모와 액모의 무모증을 야기시키며, 기능 항진 시에는 남성호르몬의 과다분비로 여아의 남성화, 남아의 과도한 근육비대 및 성인여성의 경우 수염이 자라고 체모가 짙어지고, 남성형 탈모가 진행되는 등의 남성화 현상이 나타나게 된다.

부신피질 호르몬은 기미, 주근깨 등 병적색소의 침착과 관련되기도 한다.

(4) 성(性)호르몬

    모발의 생성은 모낭 안에 존재하는 모모세포의 분열에 의하여 이루어지는데 여기에는 호르몬이 직접적으로 관여한다.

    호르몬의 작용에 의하여 모낭의 활동이 촉진되기도 하고 억제되기도 하는데 체내에 존재하는 호르몬 가운데서도 안드로겐(androgen)이라고 불리는 남성호르몬의 영향을 가장 많이 받는다.

- 성 호르몬과 무관한 모발 : 눈썹, 후두부 모발, 팔꿈치와 무릎 이하에 자라는 털
- 저농도의 남성 호르몬의 영향을 받는 부위 : 겨드랑이 털, 기타 체모
- 고농도의 남성 호르몬의 영향을 받는 부위 : 성장촉진(수염, 가슴 털, 음모), 성장억제(이마에서 정수리부위의 모발), 즉 남성 호르몬은 우리 몸에서 촉진과 억제라는 이중 역할을 한다는 것이다.

4 탈모의 유형

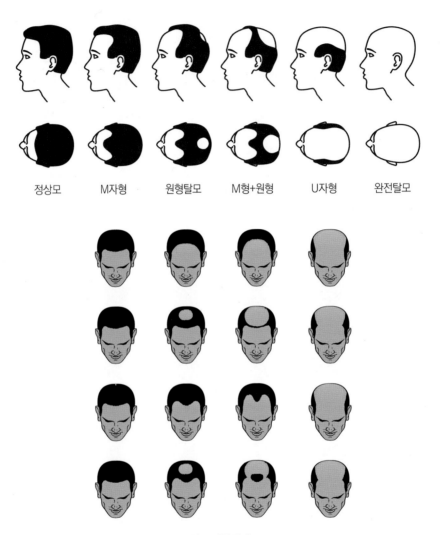

정상모   M자형   원형탈모   M형+원형   U자형   완전탈모

탈모 진행 단계

- 스트레스성 탈모 : 원형탈모

- 유전성 탈모 : M자형과 U자형 탈모, 전두탈모

- 스트레스성과 유전성 복합형 탈모 : M자형 + 원형탈모

　사회가 고도산업화 정보화 시대로 접어들면서 복합형 탈모환자가 주류를 이루고 있다.

1) 식생활 영양소의 부족

대머리는 서양인에서 동양인보다 2배 이상 많다. 우리나라의 경우도 고려나 조선시대에는 대머리가 드물었으나 최근에 증가 추세이며, 그 이유를 식생활 패턴의 서구화에서 어느 정도 찾을 수 있을 것 같다.

다이어트와 같이 영양분 섭취를 못하는 경우에도 탈모가 일어날 수 있다. 이는 체내 케라틴 생성에 필요한 아미노산 또는 보조영양분인 비타민이나 미네랄 부족으로 인한 탈모(출산 후 탈모, 다이어트에 의한 탈모)이다.

2) 혈액순환의 장애

머리의 혈액순환이 되지 못해 머리카락이 빠진다는 설에는 여러 가지가 있다. 예컨대 모자를 오랫동안 꽉 죄게 쓰면 두피의 혈액 순환이 나빠질 뿐 아니라 두정부가 공기 순환이 잘 안되어 온도가 높아져서 머리카락이 빠진다고 한다. 또 다른 사람은 원시인은 대머리가 없는데 반하여 지식인에게 대머리가 많다는 예를 든다. 즉 지식인은 두뇌를 많이 쓰기 때문에 보통 사람보다 뇌가 발달하고 두개골도 커지므로 두개골을 덮고 있는 피부가 당기어 그 밑에 있는 혈관을 압박하게 됨으로써 결국 혈액순환에 장애가 오기 때문이라는 얘기이다. 혈액으로 신선한 산소와 영양분 등이 운반되어 모세혈관을 통해 모유두로 전달이 이루어져야 한다. 이것은 교감신경계가 긴장되어 모세혈관이 위축되어 모유두의 모세혈관의 활동 위축으로 인한 탈모이다.

3) 모유두 기능의 정지 및 쇠퇴

모발 성장 주기에서 퇴화기와 휴지기 상태의 탈모이다.

4) 스트레스에 의한 자율신경의 혼란

흔히 "신경을 몹시 쓰니까 머리카락이 빠진다"거나 혹은 "대머리는 문명병"이라고들 한다. 이 말은 바로 대머리가 스트레스와 관계가 있음을 시사한다. 그렇다고 대머리가 아닌 사람이 "우리는 신경을 안 쓰고 스트레스가 없단 말이냐?"고 반론을 제기한다면 설명이 어렵지만, 옛날에 비해 요즘이 그리고 원시사회에 비해 문명사회에 대머리가 훨씬 많은 것으로 보아 스트레스가 식생활이나 그 밖의 다른 원인과 함께 탈모증에 관계가 있는 것 같다. 스트레스 설에 따르면 정신적으로나 육체적으로나 스트레스가 쌓이면 자율신경 실조증을 초래하여 모발의 발육이 저해된다고 한다.

스트레스는 남성형 탈모증을 유발하는데 약간의 인자는 될 수 있으나 남성형 대머리의 주된 원인은 역시 아닌 것 같으며 가끔 원형탈모증을 유발할 수 있다.

5) 내분비의 장애

호르몬 장애, 남성호르몬의 과다 분비, 갑상선 호르몬 이상 등이 탈모를 유발한다.

6) 과도 혹은 부족한 피지 분비

피지 분비는 남성호르몬의 작용에 의한 이차적 현상이지 그 자체가 대머리의 원인은 아니다. 즉 남성호르몬이 머리카락을 가늘게 하여 대머리를 만들뿐만 아니라 피지선을 비대시켜 피지의 분비를 증가시킨다. 그래서 대머리가 진행되는 사람은 비듬이 많이 생기며 하루만 머리를 감지 않아도 머리가 끈적거리게 된다.

7) 약품 부작용(접촉성 피부염)

파마나 염색 또는 약물에 의한 탈모. 모발제품으로는 화학적인 제품으로 모낭염이 생길 수도 있고, 자주 화학적인 시술을 하면 두피가 건성화되어 탈모가 일어나는데 이차적인 원인이 될 수도 있다. 항암제와 같은 약은 세포의 분열을 막고, 모모세포의 분열도 역시 억제하여 탈모가 일어난다.

8) 노화

모낭의 노화에 의한 모모세포 분열, 증식 저하(노인성 탈모). 노화로 인한 세포의 분열능력이 저하되어 탈모가 일어날 수가 있다.

9) 유전

탈모 유전인자에 의한 탈모이다. 유전과 남성호르몬 남성형 대머리는 상염색체 우성 유전이다. B는 대머리 유전자이고 b는 대머리를 유발하지 않는 유전자인 경우 유전형이 BB이면 남자와 여자 모두가 대머리가 되며 Bb의 경우 남자는 대머리가 되지만 여자는 대머리가 되지 않는다. 그러나 Bb를 갖고 있는 여자에서 혈중 남성호르몬 농도가 높으면 대머리가 유발될 수 있다. 물론 유전형이 bb이면 남자와 여자 모두 대머리가 되지 않는다. 그러나 대머리의 유전은 복합유전이기 때문에 이처럼 간단하지는 않다. 어쨌든 대머리의 원인이 유전자에 있음은 틀림없는 것 같다. 그러나 대머리 유전자를 갖고 있다 하더라도 모두가 대머리가 되지는 않는다.

대머리 유전자의 발현에는 역시 남성 호르몬이 관여한다고 알려져 있다. 1942년 헤밀톤은 쌍둥이 중 한 명은 사춘기 이전에 거세한 결과 40세까지 대머리가 되지 않았으며 40세 때 테스토스테론(남성호르몬)을 주사하였더니 6개월 이내에 대머리가 되었다고 하였으며, 거세하지 않은 한 명은 20대에 대머리가 진행되었다고 하였다. 또한 그는 가족 중 대머리가 있는 환자에게 테스토스테론을 주사하면 대머리가 되지만 가족 중 대머리가 없는 환자에게 동량의 테스토스테론을 주사해도 대머리가 되지 않는다고 하였다.

헤밀톤의 또 한 가지 연구는 대머리들을 매우 실망시키는 것으로 대머리가 되고 난 후에 거세하면 대머리의 진행은 막을 수 있어도 머리카락이 새로 나지는 않는다는 사실이다. 따라서 대머리가 되려면 일단 유전적 소인이 있어야 하고 발현유무는 남성호르몬에 의해 좌우된다고 하겠다.

여성의 경우는 남성호르몬의 농도가 낮기 때문에 남성형 대머리가 발현되려면 적어도 친가 및 외가 모두가 유전적 소인이 있어야 한다. 물론 여성에서의 남성형 대머리는 남자와 달리 머리숱이 전반적으로 적어진다.

대머리를 유심히 관찰하면 두정부는 탈모하는데 옆머리와 뒷머리에는 머리카락이 그대로 남아 있는 경우가 보통이며, 또 머리카락은 빠져도 수염이나 가슴 털은 여전하다.

남성호르몬인 테스토스테론은 혈액을 따라 온몸에 골고루 운반되어 똑같은 작용을 할 텐데 왜 하필이면 두정부의 머리카락만 빠지느냐 하는 것이다. 그 점에 대해서는 명확한 해명이 없지만 개개의 모발이 남성호르몬에 반응하는 반응정도가 다르기 때문이라고 여겨지고 그 이유들이 조금식 밝혀지고 있다.

6 탈모의 분류

1) 성장기성 탈모

- 원형 탈모
- 압박성 탈모
- 약제성 탈모
- 반흔성 탈모
- 두부백선에 의한 탈모
- 매독성 탈모

2) 휴지기성 탈모

- 분만 후 탈모, 피임약 복용 후 탈모
- 남성형 탈모
- 지루성 탈모
- 접촉성 피부염에 따른 탈모
- 내분비 질환에 의한 탈모
- 다이어트에 의한 탈모
- 비타민A 과잉에 의한 탈모
- 약물복용에 의한 탈모

1) 출산 후 탈모 & 피임에 의한 탈모

- 증상 : 출산 후 2개월부터 급격한 탈모 발생
- 원인 : 임신이나 피임약 복용 시 여성호르몬의 과다분비로 모발이 휴지기로 넘어가지 않고 성장기를 연장 출산 후 호르몬 밸런스가 회복되어 정상적 모발 주기로 돌아오면 단기간에 휴지기모(전체모발의 30%)가 증대되어 탈모 유발
- 관리법 : 출산 후 6개월 이내에 휴지기모의 자연 탈락이 완료됨으로써 자연 탈락기간 동안 발생기의 모모세포의 분열과 증식을 촉진시키는 관리를 한다.
- 식이요법 : 미역국과 다시마에는 모발의 성장을 촉진시키는 요오드 성분이 과량으로 함유되어 모발의 성장과 발육을 촉진시킬 수 있다.
- ※ 특이사항 : 가벼운 두피마사지를 자주 실시하여 혈행을 촉진시킴으로써 모유두에 충분한 영양분을 공급하여 모모세포 활동을 증대시키는 노력이 필요하다.

2) 남성형 탈모(유전성 탈모)

대머리를 유심히 관찰하면 두정부는 탈모하는데 옆머리와 뒷머리에는 머리카락이 그대로 남아 있는 경우가 보통이며, 또 머리카락은 빠져도 수염이나 가슴 털은 여전하다.

남성형 탈모는 주로 유전적 소인과 남성호르몬의 작용으로 발생한다. 이 밖에도 스트레스 등의 외부 환경적인 요인 등이 있다. 남성호르몬인 테스토스테론은 5- a환원효소에 의해 DHT로 변하게 된다.

효소가 우리 몸에서 기능을 발휘하려면 세포에 있는 수용체와 결합을 해야 하는데 5-a환원효소의 수용체는 머리에 있는 모낭주위에 많이 분포되어 있어 테스토스테론은 주로 두피에서 DHT로 변하게 된다. 이 DHT가 모발의 성장기, 즉 모발이 자라는 기간을 단축시키고 모낭의 크기도 감소시키는 역할을 한다.

고농도의 남성 호르몬은 수염, 가슴, 귀, 코 끝, 음모, 이마에서 정수리 부위에 영향을 주는데 호르몬의 분비가 많은 사람일수록 탈모증상은 심각하게 된다. 이 밖에도 남성형 탈모의 원인으로 혈액순환 부전, 잘못된 식생활 , 지루, 스트레스로 인한 탈모 등 여러 가지의 원인이 있다.

- 증상 : 남자의 경우는 20 ~ 30대에 주로 발생하나 여성의 경우는 40대 후반의 갱년기 때부터 발생한다. 지루성 비듬이 중지된 후 전두부가 후퇴하여 가는 것이 특징이다. 탈모 초기에는 굵은 모발이 빠지다가 점차 모발이 연모화되어 탈모를 잘 인지하지 못하다가 차츰 솜털 같은 연모만 남게 되어 두피가 훤히 보이게 된다. 따라서 탈모가 발생했다가 정지되었다고 말하는 탈모증세 고객은 대부분 유전성 탈모로 판단된다. 대부분의 경우 피지 분비가 많다.
- 원인 : 남성탈모의 원인이 남성호르몬인 테스토스테론이 5α- 리덕타제와 반응하여 디하이드록시테스토스테론(DHT)으로 변이되어 두피에 국부적으로 활성화되어 탈모를 촉진시킨다.
- 관리법 : 주1회 스켈링을 통해 두피를 청결히 하고 피지선과 한선의 균형을 유지토록 하며, 또한 남성호르몬의 분비를 억제시켜야 한다.
- 식이요법 : 녹차에는 테스토스테론이 디하이드로시-테스토스테론(DHT)으로 전환되는 것을 억제하는 효과가 있다.
※ 특이사항 : 유전성 탈모는 두피의 피지량이 많으므로 평상 시 두피 마사지를 해서는 안 된다. 두피 마사지는 피지선과 한선을 자극하여 과다한 피지를 유발함으로 유전성 탈모의 경우 탈모가 더욱 빠르게 진행시키게 되는 부작용이 생길 수 있다.

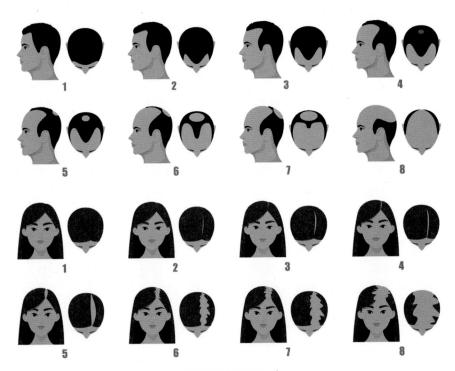

탈모의 유형(유전성 탈모)

3) 다이어트에 의한 탈모

- 증상 : 무월경이나 불규칙한 월경을 동반한 탈모 증상이다.
- 원인 : 체내 단백질 공급 부족으로 모근에서의 세포분열이 저하되어 발생하는 탈모이다.
- 관리법 : 민감한 두피를 진정시키고 두피에 비타민과 수분을 충분히 공급한다.
- 식이요법 : 콩과 요구르트를 혼합한 선식을 매일 아침 복용하여 부족한 단백질을 보충한다. 마와 두유를 혼합한 선식을 매일 아침 복용하여 변비와 생리 불순을 치료한다. 완전식품인 달걀, 우유, 시금치를 함께 섭취하여 영양 밸런스를 유지시킨다.

4) 지루성 탈모

- 증상 : 남성형 탈모의 초기 증상, 두피에 염증과 가려움증, 과도한 비듬을 동반하는 탈모 증상이다.
- 원인 : 두피염증은 세포의 순환주기(28일)를 빠르게 하여 비듬을 발생시키고 이러한 노폐물과 비듬균이 모공을 막아 모낭염과 지루성 습진 유발 → 모모세포의 세포분열과 모발의 각화를 막아 성장기모의 수명이 단축되고 휴지기모가 증대되어 탈모가 발생한다.
- 관리법 : 주2회 스켈링을 통한 두피의 이물질 제거하여 피지선과 한선을 균형·유지한다.
- 식이요법 : 미역국, 녹차 등이 있다.
- 관리기간 : 초기 탈모증상의 경우 6~9개월이면 만족한 결과를 얻고, 중기탈모의 경우 1년 이상의 집중관리가 필요할 수도 있다.

5) 여성형 탈모

여성탈모의 원인은 유전과 남성 호르몬에 대한 모낭세포의 반응이 원인이 된다. 또한 항암치료, 육체피로, 심리적인 스트레스, 갑상선질환, 비타민 A 과다복용, 고혈압 약 등으로 탈모가 올 수 있으며 임신이나 피임약 등에 의해서도 일어난다.

여성들도 남성들처럼 유전적인 탈모가 일어날 수 있다. 즉 남성들처럼 소위 대머리현상이 올 수 있지만 조기에 빠지는 모양과 정도에 있어 남성 안드로겐 탈모증과는 차이가 있다. 이마 위의 헤어라인은 유지되며 머리 중심부에 왕관이 쓰이는 부위에서 서서히 머리털이 빠진다. 그러나 남성들처럼 이마가 벗겨지며 옆과 뒷머리만 남는 완전한 대머리의 양상이 나타나기는 극히 드물다.

왜냐하면 여성에게는 탈모를 유발시키는 남성호르몬인 안드로겐보다 여성호르몬인 에스트로겐이 더 많기 때문이고 전두부주위에 아로마타제라는 효소가 있어 남성호르몬을 여성호르몬으로 바꾸어주기 때문이다.

- 증상 : 40대 이상의 여성에게 전두부와 정수리 부위의 모가 줄어 들고 가늘어 지고 완전탈모에 이르
  지 않고 박모로 유지 된다.
- 원인 : 갱년기에 따른 여성호르몬 에스트로겐 분비의 감소로 상대적으로 남성호르몬인 안드로겐 분
  비비율의 증가로 남성형 탈모가 진행된다.
- 관리법 : 주1회 스켈링을 통해 혈행의 움직임을 증대시킨다. 남성호르몬분비를 억제한다.
- 식이요법 : 미역국, 녹차 등이 있다.
- 관리기간 : 1년 이상의 집중관리 필요하다.

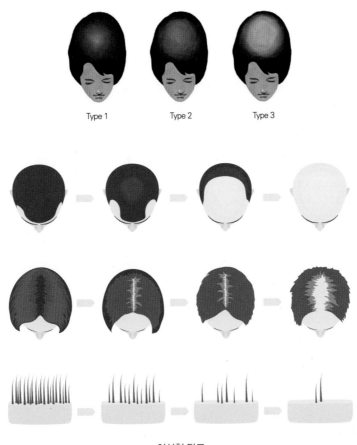

여성형 탈모

6) 접촉성 피부염에 의한 탈모

- 증상 : 두피 염증과 모낭 각화증을 동반한 탈모 증상이다.
- 원인 : 파마, 염색, 탈색 혹은 과도한 스타일링제 사용에 의한 두피 알레르기성 염증에 의한 탈모이다.
- 관리법 : 주1회 스켈링을 통해 민감한 두피를 진정시키고 두피에 비타민과 수분을 충분히 공급한다.
- 식이요법 : 땅콩, 아몬드, 달걀 등이 있다.
- 관리기간 : 초기의 경우 6개월 이내에 만족한 결과를 얻을 수 있으나 중기 탈모의 경우 1년 이상의 집중 관리가 필요하다.

7) 원형탈모

원형 탈모증은 두부에 탈모부가 동그랗게 생기는 병인데 대개 지름 1~2cm의 크기로 한 곳에 나타나지만, 때로는 몇 곳에 다발하여 불규칙한 모양으로 융합할 때도 있고, 두발이 모두 빠지는 수도 있다.

대머리가 된 부분의 피부에는 이상이 없는 것이 보통이지만, 주위보다 다소 내려앉아 있거나 불그스름하며, 현미경으로 관찰하면 피부조직에 염증을 보인다.

대개는 머리카락의 탈모가 있으나, 턱수염·눈썹·속눈썹·음모 등이 빠지기도 하고, 드물게는 전신의 털이 모두 빠져버리는 경우도 있다. 퍼져나가는 대머리 주위의 털은 가볍게 당기거나 세게 문지르는 등의 자극을 가하면 통증 없이 간단하게 빠진다. 빠진 털은 무리하게 뽑은 정상의 털과 달리, 모근의 끝이 뾰족하게 되어 있다.

경과는 여러 가지가 있으나 2~3개월이면 정상으로 회복되는 것이 많으며, 이 경우에는 먼저 가늘고 연한 털이 나고, 그것이 차츰 보통의 털로 변해 간다. 때로는 보통의 털이 나기 전에 흰털이 나는 시기가 있을 때도 있다.

특히 원형 탈모증 중에서도 머리 뒷부분이나 옆 부분에 나타난 탈모현상은 치료에 어려움이 따르므로 사행성 탈모증이라 불리기도 한다.

- 증상 : 특정 부위에 원형 또는 타원형의 탈모가 발생한다.
- 원인 : 스트레스에 의한 자가면역 이상으로 탈모로 위축모의 형태를 띠며, 모구가 파괴되어 탈모가 발생 한다.
- 관리법 : 심신안정, 규칙적 생활, 혈행 촉진한다.
- 식이요법 : 미역국, 두부, 달걀, 땅콩 등이 있다.
- 관리기간 : 6개월 이내에 만족한 결과를 얻을 수 있다.

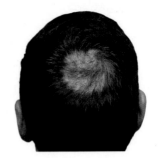

원형탈모

8) 매독성 탈모

- 증상 : 매독 감염 후 5개월 후에 후두부와 측두부에 탈모증상이 발생한다.
- 원인 : 매독균에 의한 탈모이다.
- 관리법 : 매독치료가 완료되면 발모가 가능하다.
- 치료기간 : 6개월 이내에 만족한 결과를 얻을 수 있다.

9) 반흔성 탈모

털이 있는 부분에 흉터가 생기게 되면 그곳에 있던 털이 없어지게 된다. 이같이 흉터로 인해 나타나는 탈모를 반흔성 탈모증이라 한다. 화상과 외상이 반흔성 탈모증의 대표적인 것이다. 또, 수술 후에 남은 자국과 피부병으로 인한 흉터 역시 탈모의 원인으로 작용한다.

10) 내분비이상에 의한 탈모

내분비(호르몬)는 모주기와 털의 형태에 영향을 미친다. 모주기의 장애로써는 성장기의 개시를 방해하고 휴지기의 기간을 연장시키는 작용으로 인하여 탈모 증세가 나타나게 된다.

뇌하수체기능 저하로 탈모현상이 일어나는데 모발은 물론이고 겨드랑이 털이나 음모가 빠져 버리는 수도 있다. 갑상선의 기능 저하는 머리에서 시작하여 체모의 수도 점차 줄어들게 된다.

특히 눈썹의 수가 적어지는 것이 특징 중의 하나이다. 부갑상선의 기능 저하로 머리숱이 전반적으로 줄어들게 된다. 머리카락이 건조하면서도 쉽게 빠져 버리는 것이 특징이다.

그러나 탈모증세의 발생원인이 호르몬의 기능에 이상이 생겨 발생했다 하더라도 호르몬의 기능에 이상이 생겼다고 해서 모두에게 탈모 증세가 나타나는 것은 아니다.

11) 비강성 탈모

흔히 비듬이 많이 발생하면 탈모의 징후라고 한다. 그래서 비듬이 탈모를 촉진한다고 생각하는 사람이 많은데, 확실히 비듬이 많이 발생하고 탈모가 병행되는 비강성탈모증(粃糠成脫母症)에 의한 경우도 있지만, 이러한 경우는 체내에 있는 원인이 비듬을 발생케 하며, 탈모를 촉진하는 공통의 원인에 의한 것이라고 해석할 수 있다.

12) 약제성 탈모

항 갑상선제는 갑상선의 기능을 억제하는 약으로 투여하면 휴지기성 탈모를 유발시키고, 항 정신제는 콜레스테롤 합성을 억제하기 때문에 모발의 각화가 제대로 이루어지지 않아 모발의 발육장애를 일으켜 휴지기성 탈모증을 유발한다.

13) 견인성 탈모

부주의한 사고로 모발이 기계에 말려들어가 탈모가 된 경우와 일반적으로 포니테일 같은 머리형을 장기간 계속하면 측두부나 후두부에 견인성 탈모가 유발된다.

14) 압박성 탈모

무거운 가발을 착용한다든지 수술 시 두부를 고정하고 난 후 받은 압박에 의해 2~3주 또는 6주 후에 일어나는 탈모로 일반적으로 위축모의 형태로 빠지지만 경증인 경우는 휴지기모로 빠지는 경우도 있다.

15) 두부백선에 의한 탈모

두부에 백선균이 감염되어 일어나는 전염성 피부병으로 백선균이 표피의 각질층을 감염시켜 점차적으로 모간 안에 들어가기 때문에 위축모가 되어 탈모가 되거나 모가 끊어지게 된다.

16) 모낭충에 의한 탈모

모낭충은 1841년 Henle가 처음 발견하였고 0.3mm 크기의 진드기류로 사람에게는 데모덱스 훠리큘럼과 데모덱스 브레비스 두 가지 종류의 모낭충이 모낭과 피지선에 기생하며 피지선에서 분비되는 피지를 먹고 주로 밤에 활동하는 습성이 있는데 이들로 인해 모공에 염증을 일으켜 탈모를 일으키다.

17) 질병 후의 탈모

유행성 감기나 독감, 폐렴 등에 의해 심하게 열이 난 뒤 1~4개월이 흐른 뒤 갑자기 모발이 빠지기 시작하는 경우가 있다. 이것은 바로 성장기에 있던 모근이 고열로 인해 파괴되어 곧바로 휴지기로 돌입해서 발생하는 탈모증상이다. 모주기가 정상적인 상태에 비하여 짧아진 탓에 탈모 증상이 일어난 것이므로 휴지기 탈모증이라고 불린다.

그러나 휴지기의 탈모증의 경우 머리 전체가 한꺼번에 빠져 버리는 일은 발생하지 않는다.

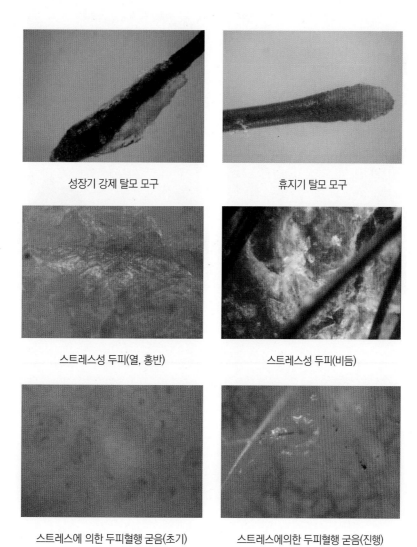

성장기 강제 탈모 모구

휴지기 탈모 모구

스트레스성 두피(열, 홍반)

스트레스성 두피(비듬)

스트레스에 의한 두피혈행 굳음(초기)

스트레스에의한 두피혈행 굳음(진행)

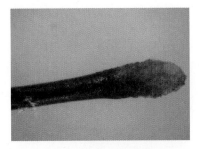

정상 자연탈락모 모구

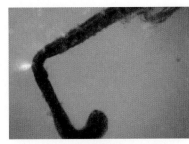

스트레스성 자연탈락모 모구

유전성 탈모 모구

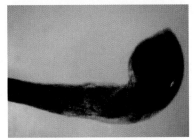

지루성 탈모 모구

1) 아침에 일어나서 보면

    대머리가 진행되면 머리카락이 가늘어질 뿐 아니라 모주기가 단축되어 많이 빠지게 된다. 아침에 일어나서 보면 베개에 머리카락이 많이 떨어져 있는 경우를 우리는 종종 경험한다. 일이 거기서 그치면 괜찮겠는데 그게 아니다. 머리를 감으면 머리카락이 많이 빠져서 하수구로 까맣게 흘러가고 빗질을 할 때에도 평소보다 머리카락이 많이 빠지는 것을 깨닫는다. 우리의 머리카락은 주기적으로 빠지고 새로 난다. 하루에 빠지는 생리적인 정상치는 전체 머리카락(약 10만 개)의 50~80개 안팎이다. 따라서 하루에 80개 전후로 빠지는 것은 자연적인 현상이므로 걱정할 필요가 없다. 그러나 그보다 더 많이 가령 100개 이상의 머리카락이 계속해서 빠질 때는 문제가 된다.

2) 이마가 자꾸 넓어지면

    대머리의 다음 징조는 이마와 머리의 경계선이 뒤로 후퇴하면서 이마가 점점 넓어지는 현상이다. 그리고 경계선은 일반적으로 주름살을 기준으로 해서 주름살이 있는 곳은 이마이고 없는 부분은 머리라고 생각하면 된다. 이마와 머리의 경계선이 확실히 후퇴하고 그 자리에 잔털이 남게 된다.

3) 비듬이 많아지면

    비듬이란 피지선에서 나온 지질이 머리표피에서 박리된 각질층에 말라 붙어서 된 잔 비늘이다. 비듬에는 건조성의 마른 비듬과 지루성의 젖은 비듬이 있다. 마른 비듬은 웬만한 사람이면 조금씩은 다 있는데 특히 문제가 되는 것은 머리 밑을 긁을 때 손톱사이에 끼이는 젖은 비듬이다. 젖은 비듬은 남성호르몬과 관계가 있다. 머리 밑이 가려워지면서 비듬이 심하고 특히 젖은 비듬이 많아지면 대머리의 전구증상으로 보아야 한다. 그러나 역시 비듬이 생겼다고 해서 모두가 탈모가 되는 것은 아니다.

4) 머리카락이 부드러워지고 가늘어진다.

    머리카락이 가늘고 부드러워지면 대머리가 기다리고 있다. 대머리는 사실 머리카락이 빠지는 것이 아니라 점차 가늘어져 솜털로 되는 현상이고 나중에는 모발이 다 탈모가 되어 대머리가 된다.
    이유는 성장기가 짧아져서 머리카락이 가늘어지고 부드러워진다.

5) 몸의 털이 굵어지면

대머리의 또 다른 징조는 가슴 털과 수염이 굵어지는 것이다. 대머리에서 흔히 볼 수 있는 현상은 팔, 다리, 가슴의 털이 유별나게 길고 많다는 사실이다. 이와 같이 탈모는 유심히 관찰하면 여러 가지의 징후를 나타내면서 갑자기 혹은 서서히 시작된다. 몸의 털이 굵어지면 남성 호르몬 분비가 증가한 경우가 많다. 이는 두피의 남성호르몬 증가도 함께 오는 경우가 있다.

이때 남성호르몬이 전두부, 두정부에 많이 분비되면 탈모가 일어날 확률이 높다.

⑩ 탈모와 미네랄

1) 마그네슘(Mg)

(1) 낮음

마그네슘은 칼슘, 인과 매우 긴밀한 관계에 있으며 세포 내 비생리학적인 칼슘의 배출과 생리학적인 칼슘의 흡수에 매우 중요한 역할을 하며, 마그네슘은 세포 내 존재하면서 에너지 생산을 조절하는 효소계에 70%를 관여한다.

피로, 불면증, 월경 전 후 증상, 고혈압, 당뇨병, 천식, 탈모, 백발 등에 관련이 있다.

(2) 높음

모발 분석에서 나타내는 높은 마그네슘의 수치는 체내 무기 마그네슘의 축적상태를 반영하며 머리카락의 펌, 염색, 탈색 등에 의해서도 높게 나타날 수 있다.

(3) 영양식(해소제) : 해조류, 소맥배아, 콩, 시금치

2) 인(P)

(1) 낮음

인은 화학에너지 이동에 관계하는 신체의 각 세포에 존재하며 탄수화물, 아미노산, 지방질 대사과정에 중요 부분을 차지한다. 필수 지방산 및 인지질은 원활한 체내대사의 필수적인 성분으로 결핍 시 피부건조, 피곤, 내분비 장애, 콜레스테롤의 증가 등이 나타날 수 있다.

(2) 높음

모발 내 인 수준은 생화학적 기능의 상태를 그대로 반영하지는 않으며 인의 인체 내 축적은 칼슘, 비타민-D 대사, 마그네슘 등의 섭취량과 반비례의 관계를 나타낸다. 특히 음모(Pubic Hair)검사에서는 항상 상승된 인의 수치가 나타난다.

(3) 영양식 : 호박, 미꾸라지, 해조류

3) 망간(Mn)

(1) 낮음

망간 결핍증상으로는 알레르기, 당뇨병, 피로, 두통, 지구력 부족, 손톱과 모발의 성장지연, 피부염, 체중감소, 현기증, 천식, 이명, 청력저하, 연골조직 약화현상, 관절과 허리장애, 골다공증, 콜레스테롤 증가, 저혈당증, 면역력 저하, 성능력 감퇴, 불임증, 생식기능 저하의 문제가 나타나며 망간은 구리(Cu) 및 철분(Fe)과 밀접한 관계가 있으므로 망간의 재공급 시 이들의 밸런스가 깨어지지 않도록 주의한다.

(2) 높음

망간은 효소의 활성화, 생식작용의 성장, 성 호르몬 생산, 갑상선 호르몬 생산, 스테로이드 호르몬 생산, 세포의 호흡, 지방질 및 탄수화물 대사 등에 관계하며 특별히 신경전달 작용과 다른 비타민과 미네랄의 이용을 도와준다.

(3) 영양식 : 인삼, 견과류, 해조류

4) 철(Fe)

(1) 낮음

빈혈, 탈모, 판단력 저하, 호흡 곤란, 손톱 연화, 피부 창백, 쉽게 피로, 변비, 혀의 통증, 성장 장애, 다리를 계속해서 흔드는 버릇, 생리불순, 면역력저하 등과 관련이 있다.

(2) 높음

상승된 모발 내 철의 수준은 인체 내 철분의 부담상태를 확고하게 하기 위한 다른 검사의 필요성을 제시하는 예비검사로서 이용되어야 한다.

(3) 영양식 : 해조류, 아스파라거스, 토마토

5) 구리(Cu)

(1) 낮음

아연보다 구리가 높으면 즉, 구리가 많이 낮으면 콜레스테롤의 신진대사가 잘 이루어지지 않고 있음을 나타낸다.
구리 결핍 증상으로는 빈혈, 골격 부족, 골다공증, 콜레스테롤 상승, 동맥경화, 혈관파열, 면역력 저하, 갑상선기능 저하, 조직 노화, 피부염, 일반적인 허약 증세, 탈모 등과 관련이 있다.

(2) 높음

모발 구리수준으로 상승시키는 또 다른 요인으로는 펌, 염색, 탈색 등을 들 수 있다.
구리는 세포 내에서 에너지를 생산하는 네 가지 중요한 미네랄 중 하나로, 혈관벽의 탄력성을 부여하는 작용과 신경막의 보호 작용을 하는 데 매우 중요한 물질이다.

(3) 영양식 : 간, 육류, 콩, 녹색채소

6) 아연(Zn)

(1) 낮음

아연이 낮게 나타나는 것은 인체 내 아연 결핍현상이며 피로, 식욕감퇴, 설사, 빈혈, 야맹증, 관절염, 면역력 저하, 건조한 피부, 여드름, 피부염, 각막염, 원형 탈모증, 성장장애, 성기능 장애(남성 발기불능), 여성 불임증, 알코올 중독, 당뇨병, 간경화 등이 있다.

(2) 높음

아연(Zn)은 체내 대사에서 여러 가지 역할을 하는 효소(Enzyme)의 활성제와 보조 인자로 작용하는 매우 중요한 미네랄로 효소 작용의 80%에 관계한다. 아연의 수치가 높게 나타낼 때에는 아연이 포함된 샴푸 사용으로 인한 외부 오염이나 비활성 아연의 침착으로 보며 실제로는 낮게 나타낼 때와 같은 증상이 나타난다.

(3) 영양식 : 굴, 붉은 살코기, 콩, 씨앗

7) 셀레늄(Se)

(1) 낮음

셀레늄 결핍 징후는 비타민 E결핍과 비슷하며 체중감소, 원형 탈모증, 안절부절 못함, 근육통, 골격과 근육 퇴화, 성장 지연, 면역기능 감소, 생식능력 저하 등의 증상이 나타난다.

(2) 높음

영양학적으로는 필수 미네랄이지만 지나치게 과잉 시 독성을 나타낼 수도 있다.

(3) 영양식 : 버터, 우유, 오렌지 주스

⑪ 탈모와 중금속

1) 알루미늄(Al)

(1) 높음

신장기능이 떨어지거나 신장결석이 있는 사람은 알루미늄 수치가 상승하며 구리, 철, 아연의 흡수를 제한하고, 탈모, 위장장애, 복통, 식욕상실, 기억력 감퇴, 건망증, 치매증, 신장결석 등이 나타난다.

2) 수은(Hg)

(1) 높음

모발 내 수은의 양은 인체 내 축적의 정확한 지표가 된다.

수은은 극도로 활동적인 중금속으로 신경 정신 계통, 심장혈관 계통, 근육조직 계통, 면역 계통, 알레르기 계통에 영향을 주며 손톱변색과 탈모 현상을 일으킨다.

(2) 영양식 : 콩, 마늘, 양파, 계란, 셀레늄, 아연, vit C

3) 납(Pb)

(1) 매우 높음

모발의 납의 체내 축적을 매우 잘 나타내며 낮은 수준에서도 칼슘, 마그네슘, 아연의 체내 이용을 방해한다. 또한 어느 정도 높은 수준의 장기간 축적은 기억력과 사고력에 영향을 미치며 10ppm 이상의 아동은 학습능력에 많은 문제를 갖고 있다.

4) 카드뮴(Cd)

(1) 높음

과량의 카드뮴은 근육과 골격의 이상을 야기하며 여러 미네랄의 흡수를 방해하고 특히 아연의 작용을 방해하며, 칼슘이 부족하면 카드뮴의 흡수 증가로 이어질 수 있다. 피로 식욕감퇴, 피부염, 건성피부 등이 나타날 수 있다.

12 탈모치료법

1) 약물요법

지금까지의 발모제나 양모제를 보면 피부의 혈액순환을 좋게 하고 모근에 영양을 공급해 주려는 목적으로 만들어진 것이 대부분이다.

흔히 머리 밑을 마사지하거나 특수한 머리빗을 사용하는 것도 마찬가지 방법이다. 그러나 이들 발모제 혹은 양모제들은 모두 의약품이 아니고 화장품과 같은 의약부외품으로 효과가 증명되지 않은 제품들이 있을 수 있다. 우리나라에서도 많은 발모제들이 시판되어 지고 있으나 이들 역시 모두 의약부외품이거나 화장품류이다. 이처럼 아직도 '이것이면 됐다'고 만족할 만한 특효약 또한 없는 것도 사실이다. 그만큼 탈모의 치료가 많은 사람들의 꿈이지만 그 꿈을 이루기가 어렵다는 뜻이다.

현재까지 의약품으로 등록되어 약효를 어느 정도 인정받고 있는 약은 미녹시딜과 프로페시아 두 가지가 있다.

(1) 미녹시딜

미녹시딜은 원래 혈압강하제로 사용되었는데, 뜻밖에도 이 약을 투약 받은 환자의 70%는 발모가 촉진된다는 사실이 밝혀졌다. 현재 국내에서는 미녹시딜 성분을 첨가한 제품들이 판매되고 있다. 미녹시딜의 작용은 확실치 않지만 머리가 듬성듬성 빠지는 대머리의 초기에 가장 효과가 좋다. 남성형 탈모증 초기에 사용하시면 탈모의 진행을 느리게 하거나 멈출 수 있고 종종 모발이 굵어지고 수가 증가 할 수도 있다. 진행 초기인 젊은 사람에서 효과가 좋으며 정수리 부위가 전두부보다 효과가 좋다.

그러나 미녹시딜은 근본적인 치료제가 아니므로 평생 계속해서 발라야 한다. 사용을 중단하면 몇 달 안 가서 다시 머리털이 가늘어지기 시작한다.

(2) 프로페시아

프로페시아라는 약물은 원래 전립선암과 전립선비대증 환자에 사용하는 프로스카(Proscar)라는 약물과 동일한 약물이다. 그 성분은 피나스테라이드(Finasteride)로 남성호르몬인 테스토스테론(testosterone)을 활성화 형태인 다이하이드로테스토스테론(dihydrotestosterone)으로 바꾸어주는 효소인 5알파-리덕타아제(5α-reductase)Ⅱ형을 억제한다. 프로페시아는 바르는 약이 아니고 매일 한 알씩 먹어야하는 먹는 약이다. 현재까지 보고에 의하면 6개월 이상 복용하면 모발이 빠지는 것을 어느 정도 예방하며 두정부의 모발을 어느 정도 굵게 한다고 한다. 물론 복용을 중단하면 2달 이내에 원래의 상태로 돌아온다. 따라서 효과를 유지하려면 평생을 복용해야 한다는 단점이 있다. 약물효과는 미녹시딜보다는 훨씬 좋다. 그러나 보다 큰 문제는 부작용이다. 2년 간 복용한 환자를 대상으로 한 조사에 의하면 일부에서 성욕감퇴가 있었다고 한다. 그러나 그 부작용은 미비한 것으로 밝혀지고 있다. 성장기 소년이나, 임신부는 복용을 삼가 해야 한다.

2) 자가 모발 이식술

수술요법 중 가장 널리 이용되는 방법이다. 국소 마취 하에 시행되며 입원을 할 필요가 없으며 직장인들로 일상생활에 지장을 받지 않는다.
자신의 뒷머리에서 채취한 모발을 모근 뿌리째 심어주기 때문에 빠지지 않고 계속 자란다.
회당 1,000개~2,000개 정도 이식하는데 모근이 손상되면 시술자체가 헛일이 되므로 의료진의 경험과 노하우가 수술 성공률을 높이는 관건이다.

3) 두피 피판술

머리앞 부분에 (또는 뒷부분까지 포함) 남아 있는 머리카락을 두피와 함께 오려낸 뒤 머리카락이 없는 앞 이마 쪽을 덮어 이식하는 방법으로 한번에 많은 면적을 커버할 수 있다. 국소마취 하에 실시하며 이 방법 또한 면적을 커버할 수 있다.
위의 방법 외에도 두피 축소술, 두피 확장술, 약물요법 등이 있으나 개개인의 직업이나 사회적 활동상태 또는 대머리 형태에 따라 수술방법이 달라질 수 있어 숙련된 전문의와 상담하는 것이 좋다.

⑬ 모발 관리법

촉촉하고 윤기 나는 건강한 모발을 갖는 것은 모든 사람들의 바람일 것이다.

모발관리를 할 때 가장 중요한 것은 모발의 손상을 최소화하는 것과 모발과 두피를 깨끗하게 유지하는 것이다.

모발손상을 최소화하는 방법으로는 머리를 빗을 때 언제나 두피에서 모발 끝 방향으로 빗어서 기름기가 골고루 코팅되게 하고, 스프레이, 젤, 무스 등은 모발에 손상을 주는 화학성분이 있으므로 두피에 닿지 않고 모발 끝에만 사용하고 너무 자주 사용하지 말아야 한다. 같은 이유로 퍼머나 염색, 강한 드라이 등도 모발에 손상을 준다.

탈모를 예방하고 아름다운 머리결을 위한 방법은 일단 탈모가 시작되면 그 증상은 어느 정도 지나서 멈추는 것이 아니라 오랜 시간을 걸쳐 꾸준히 지속된다. 그러므로 탈모가 일어나지 않도록 일상생활에 주의하여 예방하는 것이 효과적이다.

1) 좋은 식습관

탈모를 예방하고 치료하는 과정에서 식이요법은 부작용을 걱정하지 않아도 되고, 부수적으로 전신적인 좋은 효과를 얻을 수 있다. 식이요법의 핵심은 음식을 통해 내분비계에 작용하여 호르몬의 분비에 영향을 주어 남성호르몬 생성과 활성화를 되도록 억제하는 것이다. 음식 중 특히 포화지방(동물성 기름)과, 정제 설탕이나 당분이 많이 들어간 음식은 남성호르몬의 혈중농도를 높일 수 있기 때문에 최소화해야 한다.

(1) 모발성장에 좋은 음식

- 검은콩, 검은깨, 찹쌀, 두부, 우유
- 해산물 : 미역, 다시마, 김, 조개류, 새우류
- 과일, 야채류 : 사과, 포도, 복숭아, 배, 밤, 오렌지, 호두, 토마토 , 옥수수, 시금치, 쑥갓, 버섯, 미나리, 참깨, 파, 마늘, 생강, 구기자, 꿀
- 물 : 하루 2리터 이상
- 녹차

(2) 모발성장에 좋지 않은 음식

- 가공식품 : 라면, 빵, 햄버거, 피자, 돈까스 등

- 커피, 담배, 콜라
- 단음식 : 설탕, 케이크, 생과자, 아이스크림
- 너무 맵거나 짠 음식
- 기름진 음식

(3) 탈모관리 식이요법

- 미역 : 갑상선호르몬의 활성효소인 요오드를 다량 함유하고 있어 미역을 삶은 물로 머리를 감거나
  미역국을 자주 먹으며 탈모를 예방할 수 있다.
- 녹차 : 테스토스테론이디하이드로시-테스토스테론(DHT)으로 전환되는 것을 억제하는 효과가 있다.
- 양파즙 : 탈모 부위에 3분간 마사지 후 20분간 방치 후 미지근한 물로 샴푸하면 효과가 있다.
- 알로에 : 탈모 부위에 도포 후 건조시킨 후 샴푸하면 지루성 탈모에 효과가 있다.
- 검은깨 : 검은깨, 벌꿀을 매일 복용하면 육모효과가 있다.

2) 올바른 생활습관

- 스트레스 : 스트레스가 지속적으로 쌓이게 되면 혈액의 흐름을 저해하거나 만성 피로가 누적되어
  탈모의 원인이 되므로 스트레스를 해결하는 것이 탈모를 예방하는 방법이다.
- 운동 : 적절한 운동은 혈액순환과 만성 피로를 돕는 데 도움이 된다.
- 담배 : 니코틴이 폐의 기능을 저하시키고 혈액순환의 장애를 가져온다. 담배 1개피가 섭씨 1도의
  체온을 내려가게 할 정도로 혈행을 저하시키기 때문에 두피에 나쁜 영향을 끼친다. 충분한 수면과
  적당한 휴식을 취한다.

3) 올바른 머리손질법

모발 세정은 두피케어에 가장 중요한 단계다. 청결과 혈행개선을 위해 머리는 매일 감는 것이 좋다.

우선 탈모 전용 샴푸 등의 좋은 샴푸를 구입해서 사용한다. 샴푸를 머리카락과 두피에 골고루 묻혀 머리에 자극을 주지 않게 가볍게 손가락을 이용해 더러움을 제거한다.

린스는 두피에 닿지 않도록 머리 끝부터 바른 뒤 헹궈내면 머리결이 한결 부드러워진다. 두피가 완전히 마르기 전에 머리를 묶거나 잠자리에 들면 두피에 박테리아가 생기기 쉽고 심하면 염증도 생길 수 있으므로 주의해야 한다. 퍼머나 염색은 가급적 피해야 한다.

4) 두피마사지와 팩

　　두피의 경혈을 자극하여 모발에 직접 영양을 주거나, 두피에 혈액순환을 촉진시켜주기 위하여 두피 마사지를 주기적으로 실시한다. 마사지는 보통 손가락 지문이나, 브러시를 이용하는데 특히 브러시를 이용할 때는 플라스틱 제품은 정전기를 띠므로 모발의 큐티클층을 파괴할 수 있기 때문에 동물의 털로 된 것을 고르는 것이 좋은데 천연 멧돼지 털이 가장 좋다고 알려져 있다. 이것은 멧돼지 털의 지방분이 머리카락에 윤기를 줄 뿐만 아니라 털의 딱딱함이 두피에 시원한 자극이 되고, 멧돼지 털의 큐티클은 인간의 것보다 훨씬 섬세하므로 불필요한 마찰을 억제할 수 있기 때문이다. 적당한 자극은 두피의 혈액순환을 도와 탈모나 두피 트러블을 예방할 수 있다. 손가락 끝에 힘을 주어 꾹꾹 눌러주면 지압점이 자극되기 때문에 두피건강에 도움이 된다. 또 두피에 녹차 팩을 하게 되면 녹차의 카테킨성분이 가려움이나 두피자극의 원인이 될 수 있는 피지성분의 산화를 방지해 건강한 두피를 유지할 수 있도록 해 준다.

⑭ 두피마사지

1) 두피마사지

두피 마사지는 순환과 샘의 활동을 촉진시킨다. 근육을 운동시키고 신경들을 진정시키거나 자극시킨다. 마사지는 네 가지 종류로 나뉜다.

- 쓰다듬기 동작은 경찰법과 쓰다듬기이다. 두피 마사지는 시작과 끝마침을 경찰법으로 해야 한다. 경찰법은 혈액과 림프의 순환을 증가시키는 반면 쓰다듬기는 피부의 신경 말단을 자극한다.
- 압을 주는 동작은 주무르기, 유연법, 마찰법이 있다. 이 동작은 근육을 자극하고, 순환을 증가시키며 근육통을 좋게 한다.
- 두드리기라고도 불리는 치기 동작은 적용하기가 가장 어렵다. 이 동작은 깊이 자리한 조직들을 자극한다.
- 흔들기 동작은 진동법과 흔들기가 있으며 손이나 전기 바이브레이터로 적용한다. 사용되는 방법에 따라 신경은 진정되거나 자극될 수 있다.
마사지는 특발성(원인을 모르는) 두피 자극의 케이스에 적용하거나 순수하게 환자를 이완시켜 주기 위해 적용한다.

2) 생활습관

(1) 스트레스

현대 사회에서는 누구나가 다소의 스트레스를 가지고 있는 것이 보통이다. 그러나 특히 모발에 관한 한 스트레스는 유해한 것이다. 특히 탈모가 눈에 띄기 시작하면 모발을 걱정하게 되는데 이것은 금물이다.

원형 탈모증에서도 탈모 자체가 콤플렉스가 되어 스트레스를 조장, 악순환을 반복하여 치료가 길어지는 사람이 많이 있다. '어쩌면 치료되지 않을지도 모른다?'라는 걱정이 오히려 사태를 악화시키는 것이다.

모발은 하루에 겨우 0.35~0.4mm 정도밖에 자라지 않으므로 발모해도 좀처럼 마음에 차지 않아 비관적이 되기 쉽다. 그러나 탈모를 치료할 수 있다고 믿고 하루에 1회~2회씩이라도 마사지하여 혈행 촉진을 기하고 탈모에서 탈출할 수단으로 삼아야 하는 것이다.

(2) 운동

적당한 운동은 심장과 폐의 기능을 높여주며, 특히 심장과 혈관의 근육을 튼튼히 하여 심장에서부터 말초혈관까지의 혈액의 흐름을 도와준다.

혈액의 원활한 순환은 인체 노폐물의 배출 및 영양공급, 산소공급 등을 도와 혈액순환 장애로 인하여 발생하는 각종 성인병을 예방하고, 신체대사 기능 및 인체면역력을 높여주는 기능을 한다. 또한 운동을 통한 노폐물의 배출은 체온의 유지와 정신적 스트레스로부터 해소시켜 주므로써 안정된 생활을 할 수 있도록 하는 근본이 된다. 하지만 본인의 체형이나 체질을 고려하지 않은 운동의 선택과 운동량은 오히려 인체에 무리를 주어 필요악으로 작용한다.

때문에 운동의 선택 시 본인의 체질 및 인체 중 기능이 약화된 부위에 적합한 운동을 선택하여 단련하는 것이 효과적이며, 순간적으로 과격한 운동은 근육에 무리를 줄 수 있으므로 단계별 운동을 하는 것이 효과적이다.

(3) 음주, 흡연

지나친 음주와 흡연은 모발의 적으로 혈액순환 장애뿐만 아니라 모발성장에 있어 필요한 영양섭취의 부족현상 등을 가져온다. 특히 적당한 음주의 경우에는 혈액순환을 도와주지만, 과음이나 흡연의 경우에는 백해무익이므로 탈모를 생각하는 사람이라면 반드시 끊어야 하는 부분이다.

(4) 적당한 수면

사람은 충분한 수면을 통하여 누적된 피로를 해결하고, 손상된 피부조직의 기능을 회복시켜 준다. 특히 두피세포 및 모모세포의 세포분열과 혈액의 공급이 원활한 시간대인 오후 10시부터 새벽 2시 사이에는 충분한 수면을 통하여 모발 및 여타의 인체기관의 기능을 정상화시키어 주는 것이 효과적이다.

이는 불규칙한 수면습관이 신체의 기능을 악화시킬 뿐 아니라 모모세포의 세포분열 과정에 장애를 일으켜, 두피 신진대사 악화와 탈모 등의 형태로 나타날 수 있기 때문이다. 물론 사람에 따라 피로의 회복 시간대나 기간에는 차이를 둘 수 있지만, 평균적으로는 7~8시간 정도의 수면이 적당하다.

(5) 좋은 물을 마신다.

탈모현상은 두피의 사막화현상에서도 나타날 수 있는 것으로 적당한 물의 올바른 섭취는 모발 뿐 아니라 인체 노폐물 배출 등에도 상당히 효과적이다. 하지만 물의 섭취에 있어서 무조건적으로 많이 마시는 것보다는 질 좋은 물을 어떤 시기에 적절히 올바르게 마시느냐가 더욱 중요하다.

물의 섭취는 인체에 부족한 미네랄의 보충과 더불어 체내에 쌓인 노폐물을 체외로 배출하는 기능을 도와주며, 아침 공복에 마시는 물의 경우에는 모발의 성장에 지배하는 신(腎)의 기능을 강화시키는 역할을 한다.

3) 식이요법

① 단백질 : 탄수화물 : 불포화지방 = 30 : 40 : 30의 비율로 짜여진 식단으로 구성한다.

② 기름기가 제거된 고기, 닭고기, 생선(특히 등푸른생선), 식물성(콩) 단백질을 이용한다.

③ 불포화 지방인 식물성 기름을 사용한다.

③ 과일, 채소, 콩 등을 많이 섭취하고 감자, 파스타, 빵 등 밀가루 음식은 되도록 피한다.

⑤ 술, 담배, 카페인 등은 최소화하며, 과식하지 않고 조금씩 자주 먹는 식사 습관을 형성하고 인스턴트 음식을 피하며 자연식품을 섭취하도록 한다.

◈ 탈모를 예방하는 식습관
 - 하루 세끼를 꼭 챙겨 먹는다.
 - 식단은 육식, 채식, 해산물을 골고루 먹어야 한다.
 - 아침은 밥, 빵, 생식, 시리얼 중 부드러운 것으로 고른다.
 - 저녁은 잠들기 전 2시간 전에는 식사를 마치도록 한다.
 - 과식 금지한다.

SCALP HAIR CARE

SCALP
HAIR
CARE

제4장

두피관리과정(process)

① 상담

1) 고객 상담순서

(1) 견진법(시진법)

두피의 색상, 두피의 각질상태, 두피의 피지 분비량의 여부, 모발에 묻어 있는 피지 상태, 모발의 손상 여부를 육안을 통해 확인한다.

(2) 문진법

상담 카드 및 진단 카드를 작성하기 위한 여러 가지 체크사항을 통해 고객의 생활 패턴을 파악한다.

(3) 촉진법

손에 만져지는 피지 상태, 땀의 분비량, 면봉이나 스파츌라를 이용해 긁어서 밀려나오는 각질 여부와 두피의 탄력도, 두피의 경직 상태를 촉각으로 파악한다.

◈ **상담을 통해서 1차 진단을 한다.**
고객카드는 관리사의 능력에 따라 작성하여 사용할 수 있으며, 고객카드를 먼저 고객에게 드리고 작성을 한 후에 관리사가 작성할 부분을 작성하여 완료하면 된다.

2) 고객 상담 시 체크 사항

- 개인 프로필 양식 : 고객카드에 기입한다.
  이름, 나이, 성별, 직업, 출산유무, 키, 체중변화, 결혼여부 등
- 문제의 과거 상태 : 병력 등 신체적 특이 사항 등을 확인한다.
  고객이 문제점이라고 느낀 부분을 함께 검사하고 이 문제가 얼마나 오랫동안 지속되었고, 어떻게 시작되었으며, 시작되었을 때 특별한 변화가 없었는지 확인한다. 문제 부분을 해결하기 위해 어떤 시도나 노력을 해왔는지 확인한다.
- 건강 체크 : 현 건강상태를 확인한다.
  질병/ 감염, 외상, 수술/ 입원, 위장장애, 경구용 피임약 복용 여부, 의약품 사용 여부(현재 및 과거), 에너지 수치/ 변동을 확인한다.

감정적인 인자/ 스트레스, 약물 반응, 혈액검사, 알레르기, 두통/빈혈, 생리, 얼굴의 털, 피부의 피지량, 식탐, 갈증, 기분 변동, 온도변화의 민감성을 확인한다.
- 식이정보 : 식생활을 확인한다.
탄수화물, 단백질, 지방, 시리얼, 유제품, 과일/야채, 음료, 당분/단음식/더부룩함/가스 등, 먹지 않을 때의 문제점, 다이어트제 복용여부, 음주/흡연 등 영양학적 질문으로 영양 결핍을 확인한다.
- 영양과 관계된 신체 징후 : 멍, 근육경련, 두근거림, 기억력/집중력 감퇴, 약한 자극 반응도, 수면 장애, 감염 빈도, 체액 정체, 월경통을 확인한다.
- 가족력 : 부계, 모계 탈모가족이 있는지, 유전적으로 두피에 이상이 있는지 확인한다.
비슷한 문제, 기타 모발/피부 문제, 유전성 전신성 장애 등 상당수의 모발 문제들이 유전적으로 판단되므로 가족 중 다른 구성원이 비슷한 문제를 갖고 있는 것은 고객의 문제가 유전일 수 있다는 단서를 제공한다. 갑상선, 당뇨, 악성 빈혈과 같은 전신성 문제들은 유전일 수 있으며, 진균 감염이나 머릿니는 다른 가족으로부터 옮길 수 있다.
- 모발 및 두피 관리 : 손질/스타일링 제품, 샴푸 횟수, 화학적 시술(살롱, 홈케어), 모발의 드라이, 수영, 햇빛 등 모발에 손상을 주는 요인이 무엇인지 확인한다.

3) 기타 체크 사항

- 생활습관(모자 착용, 발모벽, 린스사용, 사우나 출입 빈도)
- 피부염 여부(아토피, 백선, 건선 피부염)
- 손톱 검사 : 구멍 – 원형탈모증, 건선
　　　　　　흰반점 – 아연결핍
　　　　　　무릎 – 약한 모발
　　　　　　보우라인 – 고열, 급성 전신성 질병
　　　　　　창백 – 빈혈

4) 기본 상담 절차

- 고객의 불편함을 확인한다.
- 두피와 모발을 검사한다.

- 문제의 과거에 관해 논한다.
- 건강력을 살펴본다.
- 식이 정보를 얻는다.
- 가족력을 살펴본다.
- 고객이 어떻게 모발과 두피를 관리하는지 알아본다.
- 관련된 임상병리 검사들에 대해 정보를 얻는다.
- 진단을 내린다.
- 가장 좋은 관리 과정을 결정한다.
- 고객에게 관리 과정과 예후에 관해 조언 한다.

5) 상담 시 주의사항

- 고객이 말하기 전에 고객의 문제를 다 안다고 추정하지 말자.
- 고객들은 자신의 문제가 무엇인지 말하는 것을 부끄러워 할 수 있기 때문에 편안한 분위기와 공감 대 형성이 중요하다.
- 상담자에게는 사소하게 보이는 문제가 고객에게는 심각한 문제일 수 있으므로 절대 문제에 대해 무시하지 않는다.
- 두피 모발의 문제는 1가지 이상의 원인을 갖는다는 것을 상기시켜 준다.
- 두피관리는 단기간에 되는 것이 아니라는 것을 알려주는 게 중요하다.
- 두피의 다양한 증세를 자연스럽게 언급해 주고 고객이 어떤 타입에 속하는지 함께 진단한다.
- 고객의 좋지 않은 생활 습관을 변화시키기 위해 상담 시 주기적으로 주지해 준다.
- 두피 관리의 전 과정은 고객의 신뢰와 의지가 필요하기 때문에 과장된 표현은 자제한다.
- 고객에게 조언하는 것은 고객의 기분과 복지 모두를 위해 정직하고, 재치있고, 진실해야 한다.
- 문제의 원인에 대한 분명한 설명과 정확한 대처방안의 제시는 고객의 믿음을 강화시킨다.
- 겁을 주는 용어는 피한다.
- 고객의 식단, 건강 유지, 모발 관리 또는 재발 방지를 위해 고객이 따라야 할 사항 등에 관해 조언한다.
- 상담의 목적은 진단을 내림으로써 치료가 필요할 때는 적절한 요법을 적용할 수 있도록 하는 것이다.
- 사람들은 모두 다르고 갖고 있는 문제 또한 다르기 때문에 통일된 상담 패턴이란 없으며 상담은 모든 다양성에 맞춰 가야 한다.

고객카드

고객정보				
성명		성별	남 / 여	혈액형 :
생년월일		연락처	H.P :	회사 :
직업	/ /	E-mail		
결혼	미혼 / 기혼	주소		
상담일	/ /	상담사		
방문목적	두피건강유지 / 발모 / 탈모예방 / 염증 / 가려움 / 비듬 / 열선두피 / 기타			

탈모관련정보		
탈모시기	1년 이하 1~3년 3~5년 5~10년 10년 이상	
탈모원인	· 유전성 (부, 모, 형제, 친가, 외가) · 신경성 (발모벽, 스트레스성) · 피부질환, 산후탈모, 호르몬 과다분비 · 세척불량 (샴푸종류 : 샴푸횟수 :) · 불면성 (수면시간 :) · 질병, 햇빛과다노출, 대기오염 · 약물사용 ( ) · 기타 ( )	
두피상태	두피	정상 / 건성 / 지성 / 지루성
	비듬	전체 / 부분적 ( )
	탈모	초기 /진전/ 부분적/ 영구적/ 일시적(원형탈모)
	민감성	뾰루지(전체/부분), 염증, 가려움, 지선(소량/다량), 각질(전체/부분), 민감
	큐티클	약간건조 /건조/ 아주건조
모발상태	모발끝 갈라짐	있다 / 없다
	굵기	굵은모 / 보통모 / 가는모
	모발상태	끊어짐 / 늘어남
	모발상태	건성 /중성 / 지성

탈모진행			
탈모유형	탈모유형 (stage :)	모진행단계 (stage :)	기타 ( )

② 진단

두피 모발진단기를 이용하여 좀 더 정확한 진단을 한다. 이때 진단을 2차 진단이라고 한다.

1) 진단기 렌즈

· 1 : 1 배율렌즈 : 고객의 얼굴 촬영, 탈모반 촬영, 앞이마 부위 등을 촬영한다.(스타일링 촬영기로도 사용)
· 50 배율렌즈 : 모발의 밀도 및 굵기 촬영한다.
· 200~300 배율렌즈 : 두피색, 피지량, 모공의 상태, 노폐물 정도, 염증여부 촬영, 각질정도, 홍반을 확인한다.
· 600~800 배율렌즈 : 모발의 손상정도를 확인한다.

2) 진단기 사용 시 주의사항

일정한 패턴을 정해놓고 촬영한다.
· 남성 : 전두부, 두정부, 양측 측두부, 후두부, M자 형성 부분 촬영하고 탈모반 전체도 촬영한다.
· 여성 : 전두부, 두정부, 양측 측두부, 후두부 촬영한다. 고객의 문제를 너무 과도하게 부각시키지 않는다.
  – 진단 결과를 고객카드나 진단카드에 기입한다.(컴퓨터에 있는 프로그램에 기입한다)

3) 혈액, 미네랄 테스트 검사

혈액, 미네랄 테스트를 하여 좀 더 확실한 원인을 찾기 위한 검사이며 이를 3차 테스트라고 한다.

③ 처방

1차, 2차, 3차 진단을 통해서 고객별 두피타입과 그에 관한 발생 원인 등을 알고 그에 대한 처방을 내리는 단계이다. 처방을 내릴 때는 관리시술을 어떻게 할 것인지 또 홈케어까지 미리 처방을 내린다.

④ 관리

1) 샴푸

(1) 샴푸의 기원

Shampoo의 어원은 힌두어인 'Champoo'에서 기원되었으며 사전적 의미로는 '비누나 샴푸를 이용하여 머리를 감다, 씻다, 마사지하다'라는 뜻으로 미용실에서 고객에게 행하는 최초의 서비스이고, 헤어스타일을 만들기 위한 가장 기본적인 행위로 모발과 두피의 세정을 뜻한다.

(2) 샴푸의 목적

모발은 먼지, 때, 두발화장품, 땀, 피지 등으로 항상 불결해지기 쉬우므로 탈모가 발생되거나, 각종 질병을 유발시킬 수 있다. 따라서 각종 질병을 예방하고 두피의 혈액순환을 원활하게 하며 건강한 모발을 유지하기 위해 샴푸를 실시한다. 샴푸는 크게 두 가지 목적으로 분류하면 첫째, 모발의 때를 제거하는 것이고, 둘째, 두피를 청결하게 관리하는 것이다.

(3) 샴푸제의 분류

샴푸제는 사용목적에 따라 크게 4가지로 분류할 수 있다. 첫째, 두피나 모발의 때를 가볍게 제거하는 플레인 샴푸, 둘째, 모발이나 두피의 건강을 유지하기 위한 트리트먼트 샴푸, 셋째, 모발의 특수관리를 목적으로 실시하는 스페셜 샴푸, 넷째, 드라이 샴푸 등으로 분류된다.

(4) 샴푸의 종류

① 일반 샴푸(general shampoo)

모발 및 두피를 청결하게 하는 것을 목적으로 실시하며, 가볍게 브러싱한 후 두피의 먼지나 때를 제거한다. 이때 모발에 심하게 마찰을 가하거나 비비지 않도록 하며 두피에 상처가 나지 않도록 주의한다. 모발에 샴푸제가 남지 않도록 충분히 헹구어 주고 린스를 사용할 때는 모발에만 도포하여 두피에는 닿지 않도록 한다.

◈ 프리 샴푸(pre-shampoo)

손바닥에 1티스푼가량 샴푸를 덜어낸다. 샴푸를 바로 머리에 묻힐 경우 정량보다 더 많은 양을 사용하기 쉬우니 반드시 손에 덜어 사용해야 한다.

일단 머리를 세 부분으로 나누어 샴푸를 모발에 묻힌다. 손에서 거품을 낸 뒤 한 번에 문지르면 샴푸가 골고루 묻지 않고 뭉칠 수 있다.

두피 부분과 모발 부분을 나눈 다음 두피 부분부터 손바닥으로 힘을 줘서 문지른다.

◈ 플레인 샴푸(Plain-Shampoo)

미지근한 흐르는 물로 가볍게 헹구어 낸다. 샴푸의 거품을 충분히 낸 후 손가락 끝으로 두피 전체를 골고루 꾹꾹 누르면 세정 효과뿐 아니라 마사지 효과까지 얻을 수 있다. 그 다음 머리카락을 모아 가볍게 손에 쥔 채 반복해서 주무른다. 손으로 비비거나 문지르면 모발이 상할 수 있으니 삼가는 것이 좋다. 손가락을 머릿속에 집어넣고 손가락 끝으로 목덜미부터 이마까지 반복해서 쓸어 내리며 거품을 낸다.

② 드라이 샴푸

- 분말 샴푸 : 산성 백토에 카올린, 탄산마그네슘, 붕사 등을 혼합해서 사용한다.
- 에그 분말 샴푸 : 달걀의 흰자를 이용하여 모발에 발라 건조시킨 후 빗질한다.
- 토닉 샴푸 : 헤어 토닉을 이용하여 모발을 세정한다.
- 리퀴드 드라이 샴푸 : 벤젠, 알코올 등으로 헤어피스, 위그를 세정하는 데 사용하며 솜에 용액을 묻혀 닦아 내거나 용액에 12시간 담궈 두었다가 타월로 닦은 후 건조시킨다.

(5) 샴푸제의 성분에 따른 분류

① 비누샴푸

비누는 동물성의 유지를 수산화나트륨이나 수산화칼륨 등으로 중화시켜서 얻어진다. 하지만 경수를 사용하여 샴푸할 경우는 물속의 금속이온과 결합하여 불용성인 금속비누를 형성하므로 주의해야 한다. 또한 경수를 사용하면 거품이 잘 나지 않고 세정력이 떨어져서 모발의 감촉이나 광택을 감소시키므로 탈모의 원인이 되기도 한다. 퍼머넌트 웨이브나 헤어컬러링을 할 때 약액의 침투를 방해하게 되므로 충분히 씻어내는 것이 중요하다.

② 고급알코올계 샴푸

샴푸제 중 가장 일반적으로 사용되는 세정제로 천연유지, 석유 등으로 합성되는 것이 있으며 천연유지로는 야자유가 사용된다.

③ 산성 샴푸

헤어컬러링이나 퍼머넌트 웨이브 등을 자주 시술하게 되면 모발의 pH도 알칼리화되므로 산성 샴푸의 사용으로 모발의 pH는 조절하는 것이 바람직하다. 특히 헤어컬러링 후에 사용하면 효과가 크다.

④ 항비듬성 샴푸

비듬성 두피에 사용하는 샴푸제로 1주일에 2회 정도 사용하는 것이 적당하다.

⑤ 베이비 샴푸

어린이 전용 샴푸제로 탈지력이 약하고, 눈에 자극이 적은 샴푸제이다.

⑥ 허벌 샴푸

식물성 샴푸제로 고급 알코올계 세제를 사용하고 식물약초 엑기스를 함유하며 두피의 생리기능을 조절하므로 자극이 적어서 손상된 모발에 사용하면 효과적이다.

⑦ 프로테인 샴푸

모발에 영양을 공급하는 샴푸제로 마일드한 세정작용과 케라틴을 보호하며 퍼머넌트 웨이브나 헤어컬러링 후의 손상모 등에 사용한다.

⑧ 컨디셔닝 샴푸

소량의 동물성, 식물성, 광물성 성분이 첨가되어 모발에 보습을 준다.

⑨ 논스트리핑 샴푸

산성샴푸로 헤어컬러링, 헤어블리치 후에 사용한다.

(6) 샴푸제의 성분

① 계면활성제

모발에 부착된 때는 물에 용해되는 것도 있지만 잘 용해되지 않는 물질이 더 많다. 특히 두피에서 생성되는 피지, 비듬 등의 노폐물과 헤어스타일링 제품은 물에 잘 용해되지 않는데 이러한 물질을 제거하기 위해 때와 물을 결합시키는 역할을 하는 것이 계면활성제이다. 계면활성제는 분자구조상 물에 녹기 쉬운 친수성기와 기름에 녹기 쉬운 친유성기를 동일분자 내에 지니고 있으며 이 두 개의 원자 간의 강도에 따라 계면활성제의 성질이 변화한다. 샴푸제에 사용되는 계면활성제는 음이온 계면활성제, 양이온 계면활성제, 양성이온 계면활성제, 비이온 계면활성제 등이 있다.

◈ 음이온 계면활성제

계면 활성을 발휘하는 기가 음이온의 전하를 띄는 것으로 물에 잘 녹아 기포력, 세정력이 뛰어나 가장 많이 사용하고 있다.

◈ 양이온 계면활성제

계면활성을 발휘하는 기가 양이온의 전하를 띄는 것으로 세정력보다는 살균, 소독작용이 뛰어나며 대전방지효과가 높기 때문에 린스제, 트리트먼트제에 사용된다.

◈ 양성이온 계면활성제

알칼리에서는 음이온 계면활성제 역할을 하고 산성에서는 양이온 계면활성제의 역할을 하며 자극성이 작고 안정성이 높아서 유아용 샴푸제로 사용된다.

◈ 비이온 계면활성제

물에 녹았을 때 이온화되지 않는 것으로 다른 활성제와 배합이 가능하므로 폭넓게 사용할 수 있다. 세정, 유화, 분산, 습윤 등의 효과도 있지만 헤어크림이나 트리트먼트제로 사용된다.

② 첨가제

샴푸제는 세정하는 것을 목적으로 사용하지만 지속적으로 사용하게 되면 모발이 푸석거리거나 광택이 없어지는 현상이 나타난다. 그러므로 모발에 컨디셔닝 효과를 충족시키기 위해 여러 가지 첨가제를 활용하고 있다.

◈ 증점제

모발을 샴푸하는 방법에 따라 점도의 조절을 가능하게 하며 양질의 샴푸제를 갖추기 위해 각종 증점제를 첨가한다.

◈ 증포제

한 종류의 계면활성제만으로는 세정력이 약한 경우가 있기 때문에 이것을 보완하기 위해 기포제, 알카놀아미드, 아민옥사이드 등을 첨가한다.

◈ 컨디셔닝제

샴푸 후의 광택을 향상시키고 모표피를 보호하며 모발 손상의 회복을 위해 사용된다.

(7) 샴푸시술

① 두피를 전체적으로 지그재그 방향으로 마사지 한다.

② 두피 전체에 둥글게 원을 그리듯이 마사지 한다.

③ 두부를 전체적으로 가볍게 손가락으로 튕겨 준다.

◈ 샴푸할 때의 주의사항

- 샴푸할 때의 물의 온도는 38℃~40℃가 적당하다.
- 샴푸를 문지를 때는 손톱으로 하지 말고 손가락 끝마디 부분으로 가볍게 문지르며 마사지 한다.
- 두발은 수분을 흡수하기 때문에 두발을 너무 강하게 비비지 않는다.
- 샴푸제는 한번에 너무 많이 사용해도 효과는 없고 오히려 두발을 손상시키는 원인이 되므로 적당량 사용한다.
- 샴푸 후에 드라이를 할 때는 두발을 충분히 타월로 닦아내고 완전히 말린다.

(8) 샴푸 시술 테크닉

※ 샴푸 시 포인트
- 어깨힘을 빼고 손목을 가볍게 움직인다.
- 머리를 감싸 듯 힘을 넣는다.
- 좌, 우 같은 힘으로 동시에 움직인다.
- 될 수 있으면 다섯손가락 다 이용하도록 한다.
- 스피드는 천천히 속도를 조절한다.
- 머리감기 전 : 양손에 빗을 잡고 머리를 앞으로 숙인 채 목덜미부터 이마 방향(백회)으로 빗질을 한다. 옆머리 부분(측두부)에서 정수리까지, 이마 위쪽에서 목덜미 방향의 순서로 빗질한다. 머리가 길 경우 머리카락의 중간 부분을 잡고 모발 끝을 정리하며 빗질하면 엉킴을 막을 수 있다.

① 손으로 물 온도를 체크한다. 너무 뜨겁지 않게 조심한다.

② 수화기로 머리를 전체적으로 한번 적셔 준다.

③ 적당량의 샴푸를 손에 덜어서 거품을 내기 시작한다. 거품을 내서 두상 전체에 골고루 도포한다. 거품이 잘 일지 않을 시 두상전체에 물을 한번 더 분무해서 거품이 더 잘 나도록 한다.

④ 전두부 a부분부터 샴푸 테크닉(지그재그)으로 시술한다.

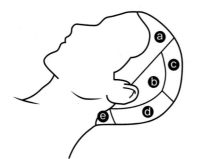

a : 전두부

b : 측두부

c : 두정부

d : 후두부

e : 네이프

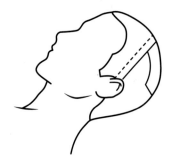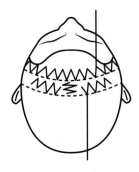

- 검지와 중지를 이용해 오른쪽 관자놀이 부위부터 정중선 부위로 지그재그로 진행하며 반대쪽
  까지 시술한다.
- 정중선 부위부터 양쪽 관자놀이 부위로 양손을 이용해 한번씩 내려가면서 지그재그로 시술한다.
- 양손을 동시에 이용해 관자놀이 방향으로 머리움직임이 없도록 하며 시술한다.

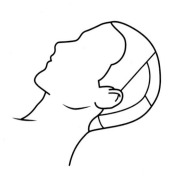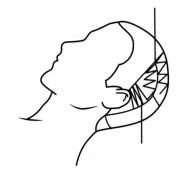

⑤ 측두부 b부분을 시술한다.

- 양손을 정중선상에서 상호교차하면서 씻기지 않은 부분이 없도록 시술한다.
- 귀 앞쪽을 지그재그로 내려가고 올라오면서 시술한다.
- 귀 뒤쪽을 지그재그로 내려가고 올라오면서 시술한다.
- 지두로 상, 하, 좌, 우 로 이동하면서 지그재그 시술한다.

⑥ 톱부분 c부분 시술한다.

- 톱부분에서 양손을 크게 움직이면서, 강약의 힘으로 시술한다.
- 이때는 교차방법으로 앞쪽에서 후두부 방향으로 진행하고 다시 앞쪽으로 진행한다.
- 모발이 엉키면 다시 손가락을 빼면서 시술한다.

⑦ 후두부 d부분 시술한다.

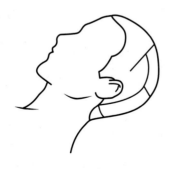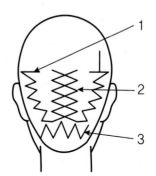

- 1번 손바닥은 위로 향하게 하고 4개의 손가락으로 내리밀 듯이 옆으로 시술한다.
- 2번 크로스 시킬 때는 검지손가락을 옆으로 향하게 하여 시술한다.
- 3번 네이프부분으로 움직이기 전에 계속 움직이면서 왼손으로 가볍게 머리를 정리한다.

⑧ 네이프 e부분 시술한다.

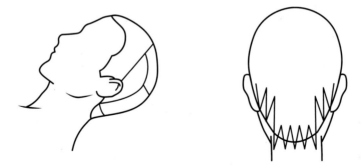

- 한손으로 후두부를 지탱하고 머리를 들어 올린다.

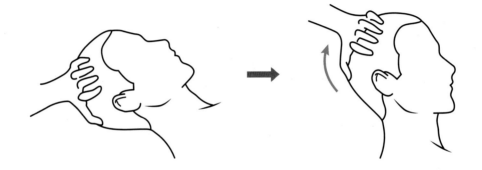

- 나머지 한손으로 귀쪽에서 반대편 귀쪽으로 지그재그로 시술한다.

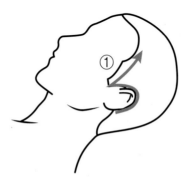

- 네이프라인이 끝나면 마무리로 위 ①번처럼 살며시 감싸며 정리한다.

2) 린스

린스는 '헹구다'라는 뜻으로 샴푸 후 알칼리화된 모발을 중화시켜 모발의 광택, 보습 등을 보충시키기 위해 사용된다. 이외에도 대전방지나 금속성피지막과 비누의 불용성 알칼리성분을 제거한다.

(1) 린스의 종류

① 플레인 린스

린스제를 사용하지 않고 미지근한 물로 헹궈내는 방법으로 퍼머넌트 웨이브나 헤어컬러링 시술 전에 시술하는 방법이다.

② 산성린스

퍼머넌트 웨이브, 헤어컬러링, 헤어블리치 시술 후에 알칼리화 된 모발을 중화시키는 효과를 위해 사용되며 모발의 pH 균형을 조절한다. 하지만 산성린스는 표백작용의 우려가 있으므로 장기간 사용하는 것은 바람직하지 못하다.

③ 특수린스

헤어컬러링 후 탈색작용을 방지하기 위해 사용된다.

(2) 린스 시술 테크닉

- 린스제를 손에 덜어서 머리에 도포한다(손상부위 위주).
- 모발을 손으로 마사지를 해준다.
- 두피전체에 원을 그리듯이 충분히 마사지 한다(유연법, 압박법).
- 두부의 정중선을 중심으로 가볍게 지압한다.
- 두부를 전체적으로 가볍게 튕겨 준다.
- 모발에 물을 분무하여 씻어 낸다.

(3) 건조

① 1단계 : 물기 제거

- 일단 손으로 머리 모양을 대충 정돈한 뒤 손바닥으로 가볍게 눌러 흐르지 않을 정도로 물기를 제거한다.

- 타월을 이용해 모발을 가볍게 누르거나 톡톡 두드려 물기를 제거한다. 이때 타월을 이용해 비비거나 비틀어 짜는 동작은 절대 금물.
- 타월을 머리에 올려놓은 다음 손가락 끝 지문으로 반복해서 꾹꾹 누르며 두피의 물기를 제거한다.

② 2단계 : 말리기
- 머리가 젖어 있을 때는 모발이 늘어난 상태이므로 절대 빗질을 하지 말아야 한다. 손가락으로 빗질을 해서 머리카락을 대충 정돈한다.
- 20cm 이상 거리를 두고 드라이어의 입구를 모근 쪽으로 향하게 한 뒤 머리카락을 살짝 들어 두피에 바람을 쐬어주는 방식으로 말린다.
- 머리카락이 다 말랐으면 처음에는 머리끝, 그 다음에는 머리 중간부터, 마지막에는 두피부터 빗어 내리는 방식으로 빗질한다.

(4) 증상별 모발 관리

① 윤기없고 갈라지는 머리

머리에 윤기가 없어지는 것은 큐티클층이 손상되거나 벗겨진 상태로 특히 펌이나 염색, 탈색 등이 원인이다. 모발의 큐티클층이 손상되고 단백질 구조를 뚫고 들어가는 것이기 때문에 모발의 구멍이 많이 생긴 부분들이 약해져 머리카락이 갈라지거나 끊어지게 된다.

◈ 헤어케어법
- 끝이 갈라지는 손상된 머리카락은 표면이 다공성이므로 단백질을 주성분으로 하는 손상 모발용 영양 샴푸로 미지근한 물에 머리를 감아야 한다.
- 심하게 갈라진 모발의 경우는 잘라내는 것이 최선, 심하게 손상된 모발의 경우 여러 번의 트리트먼트로도 회복될 수 없으므로 과감하게 잘라내는 것이 좋다.
- 머리카락에 윤기가 없고 푸석거리는 것은 유분과 수분이 부족하기 때문. 머리카락에 부족한 수분과 영양을 공급해 주기 위한 가장 손쉬운 방법은 트리트먼트 제품이나 큐티클커버 제품을 발라주는 것이다.
- 끝이 갈라지고 뚝뚝 끊어지는 머리를 빗으로 자주 빗는 것은 좋지 않다. 빗질을 해야 하는 경우라면, 브러시 끝이 둥근 것이 좋다.

② 기름기 많은 머리

모발이 지성인 사람은 다른 사람들보다 더 자주 머리를 감아 주어야 한다. 두피에서 많은 양의 유분이 배출되기 때문에 하루만 안 감아도 머리가 번질번질 기름기가 끼는 현상이 생기기 때문이다.

◈ 헤어 케어법

- 지성 모발을 가진 사람은 매일매일 머리를 감는 것이 좋고, 유분이 많은 스타일링제를 두피 가까이에 바르지 않도록 한다.
- 따뜻한 물에 샴푸하는 것이 좋다. 따뜻한 물은 두피의 모공을 열어 주어 피지를 깨끗하게 씻어 내는 역할을 한다. 막 샴푸하고 난 후, 머리카락이 뽀드득거리는 느낌이 나는 것도 이 때문이다.

3) 빗질하기

(1) 올바른 빗질

① 빗질방법

- 한번에 두상 전체를 고르게 하루 2, 3회 정도 빗질한다.
- 머리를 감기 전엔 반드시 빗질을 해준다. 두피에 있는 각질이나 먼지, 머리카락의 정전기 등을 충분한 빗질을 통해 제거한 뒤 머리를 감으면 깨끗하게 씻어지게 된다.
- 처음에는 살살 30회 정도 빗다가 점점 강도를 더해서 머리카락보다는 두피를 자극하는 느낌으로 빗질한다.
- 젖은 머리에 빗질은 피한다. 수분을 머금은 머리카락은 힘이 약해지기 때문에 여기에 빗질을 하게 되면 치명적인 손상을 줄 수 있다.
- 빗질은 정수리 부분이 아닌 양 귀 옆에서 시작해 정수리를 향해 위로 올려 빗는다. 즉, 양 귀 옆과 목 부분에서 각각 10번씩 머리를 올려 빗은 뒤 손으로 모양을 다듬는 것이 좋다. 머리를 양 귀 부분에서 정수리를 향해 올려 빗는 이유는 민감한 효소들이 몰려있는 정수리 부분에서 시작하게 되면 피지선을 과도하게 자극하게 되어 불필요한 피지 분비를 초래할 수 있다.
- 플라스틱 빗은 건조한 모발에 정전기를 일으킬 수 있으므로 천연소재(나무나 뿔 등)로 만든 빗을 사용한다.
- 빗으로 두피를 두드리는 것은 금물이다. 피지선이 파괴되어 비듬과 탈모가 오히려 심해질 수 있다.

② 빗질 횟수 및 방법
- 홈케어 시 정기적으로 하루 2, 3회 특히 머리감기 전에 빗질한다. 이밖에도 머리가 멍하며 집중이 잘 안되거나 두피가 간지러울 때, 약한 두통 등이 느껴질 때 수시로 빗질한다.
- 두피관리 시에는 스케링전에도 빗질을 한다. 방법은 백회방향으로 두피를 조금씩 자극하면서 한 방향으로 돌면서 빗질해 준다.

4) 스켈링

(1) 스켈링 정의

스켈링은 두피의 각질, 기타 오염물을 깨끗하게 제거하는 시술이다.

두피 관리에 있어서 기본이 되는 관리로 모공 주변 및 두피에 존재하는 이물질과 노폐물 등을 제거하는 것이 두피 스켈링이라 할 수 있다.

매일 샴푸를 해도 모공 주변에 쌓이는 잔여물과 각질을 효과적으로 제거하기 위한 것이며 외부로부터 2차적으로 영양분 흡수를 높이기 위해서 필수적이라 해도 과언이 아니다.

모공 주변에 존재하는 피지 산화물 및 노화각질, 먼지 등은 피지와 땀의 분비를 저해할 뿐 아니라 영양분의 외부흡수를 막아 어떤 제품을 사용하여도 외적 부분으론 영양 흡수가 용이하지 못해 두피관리의 첫 단계인 스켈링 시 모공 주변에 존재하는 이물질을 제거하여 제품의 경피 흡수와 분비물의 원활한 분비가 이루어지도록 하는 데 초점을 맞추어 관리에 임해야 한다.
- 모든 두피에 따라 스켈링 방법의 차이가 있다.
- 잦은 두피 스켈링이나 강한 스켈링은 두피의 예민화를 초래할 수 있으니 주의하자.
- 연화제 도포 후 꼭 세정을 한 후 샴푸하는 것이 효과적이다.
- 기기적인 것은 적외선, 저주파, 고주파기, 음이온스티머 등 두피에 따라 적절히 사용하고 있다.

(2) 스켈링 목적

- 모공주위를 깨끗하게 하여 피지, 각질 등을 제거하여 두피 환경을 청결하게 한다.
- 모공, 두피의 표피를 깨끗하게 하여 제품의 투과력을 높이는 데 기여한다.

(3) 스켈링 방법 – 두피스켈링 순서

① 두피스켈링 도포

두상전체를 정중선, 측중선을 나뉘고 전두부, 두정부부터 세션을 1~2cm 간격으로 나뉘어서 스켈링제를 도포한다. 전두부가 끝나면 후두부에 도포한다. 각질연화제도 도포 시에도 두피 톤에 따라 달라야 한다.(연화제를 나름대로 두피에 맞게 만들어 사용하기도 한다. 때로는 액체타입의 스켈링제로 두피전용 면봉을 사용한다.)

② 스티머 사용

각질연화를 위해 스티머를 사용한다.

◆ 헤어스티머조사 시에도 두피에 따라 타임이 다르다.
- 예민성 두피 : 약 40도, 타임은 7~8분 정도(두피에 따라 틀릴 수 있음)
- 비듬성 두피 : 약 45도, 타임은 15분 정도(두피에 따라 틀릴 수 있음)
- 기타 두피 : 약 45도, 타임 10분 정도(두피에 따라 틀릴 수 있음)

③ 스켈프펀치 등의 기기가 있으면 기기를 이용해 각질을 제거한다.

④ 두피, 모발을 깨끗하게 샴푸한다.

(4) 두피타입에 따른 스케일링

- 지성두피 : 과다한 피지제거, 모공을 깨끗하게 세척하는 성분의 제품이다.
- 예민성두피 : 민감한 두피를 진정시키고 혈액순환을 도와주는 성분의 제품이다.
- 비듬두피 : 비듬과 각질, 노폐물을 제거해주고 비듬균을 제거하고 피지 조절을 할 수 있다.

5) 마사지

(1) 마사지 유래

마사지라는 용어는 아랍어인 'massa'에서 유래하였으며 그 뜻은 '손으로 다루다'는 의미이다.

(2) 마사지 정의

신체 조직의 정상적인 활동의 유지와 건강 증진 및 병의 예방 수단으로 행해지는 것을 가리킨다.

(3) 마사지 효과

마사지의 원리는 특정 부위를 자극하여 에너지의 흐름을 원활하게 해주는 것이다. 이 에너지의 흐름으로 여러 가지 효과를 볼 수 있는데 그것이 인체 조직의 기능과 밀접함을 이룬다.

◈ 감각계에 미치는 효과

피부의 한랭자극 및 피부전체 맥관의 모세관망 뿐만 아니라 근육 속의 대맥관을 수축시키고 혈액 공급의 불충분으로 인해 근육의 수의적, 반사적 운동에 의한 반응이 빠르지 못하므로 부상을 당하기 쉬우며, 이 때 마사지의 체온 상승효과는 건강관리 및 신체 조성에 지대한 영향을 미친다.

◈ 골격계에 미치는 효과

골격은 인체에 있어서 중추적 역할을 수행하는 데 마사지는 골격 기능의 원활한 활동 조건을 유지해 주고 관절 상해 예방과 관절포, 인대, 힘줄 등의 경화를 늦추는 데 큰 효과가 있다.

◈ 순환계에 미치는 마사지 효과

마사지의 영향으로 혈관 축소와 확충이 반복되어 결과적으로 정맥에서의 혈액유통은 변하게 되고 전신혈액 순환의 저항이 감소된다. 이는 인체활동으로 인해 신체가 누적되었거나 피로해진 다음에 마사지 할 때 그 효과를 발휘하게 된다.

(4) 마사지의 기본 동작

① 쓰다듬기 동작

- 강찰법 : 손가락들을 함께 모아 머리 모양대로 올려놓는다. 강한 압으로 이마에서부터 후두부 까지 두피를 쓰다듬는다. 쓰다듬기 동작은 혈관과 림프관에 물리적인 압력을 가하고 혈액이 심 장으로 되돌아가는 작용을 향상시켜주므로, 모든 강한 동작은 심장쪽으로 향해야 하고 되돌아 오는 동작은 매우 약해야 한다.
- 경찰법 : 이마에서부터 후두부까지 두피에서 머릿결을 따라 가벼운 압으로 천천히 손가락들을 끌어당긴다.

② 압 주기 동작

- 주무르기 : 헤어 라인에서 시작하여 후두부 하단 쪽으로, 엄지와 손끝으로 피부를 집어 올림으 로써 부분, 부분 두피가 실제로 들어올려지게 한다. 주무르기에는 쥐어짜기, 고정시킨 주무르 기, 원을 그리는 주무르기, 손을 납작하게 하는 주무르기 등과 같이 다양한 종류가 있다.
- 유연법 : 손가락들을 모아 귀 바로 위의 두피 양 사이드에 손을 올려놓는다. 손가락들은 전두 부, 측두부 부위에 가볍게 올려놓는다. 두피 위에서 움직이지 않고 손을 위로 들어 올린다. 두 피는 들어올려지고 피부는 주름진다. 이 동작은 천천히 실시한다. 정상적인 호흡 리듬대로 두 피를 들어올린 뒤 원래의 위치대로 이완시킨다.
- 마찰법 : 엄지와 다른 손가락 손끝으로 피부를 원을 그리는 동작으로 움직인다. 동작은 작고 깊 어야 하며 강한 압으로 실시해야 한다. 피부 표면만 문지르는 것은 피한다.

③ 두드리기 동작(고타법)

동작에는 해킹(hacking = 손바닥 새끼손가락 측면 사용), 컵핑(cupping = 손바닥을 컵모양 구부림), 비팅(beating = 주먹으로 두드림), 슬래핑(strapping = 손바닥을 사용), 탭핑(tapping = 지두로 두드림)가 있다. 이 동작들은 빠르고 짧으며 절도가 있다. 이런 종류의 동작들은 적절한 세기를 조절하기가 어렵기 때문에 이런 형태의 마사지에 있어서 숙련이 되어 있어야 한다. 치기 동작들은 장기, 혈관, 신경과 같은 깊숙이 있는 구조들을 자극한다. 두피 신경들의 자극은 가볍게 톡톡 치기로만 가능하다.

④ 흔들기 동작

  - 진동법 : 피부에 손가락들을 단단히 고정시키고 조직을 아주 미세하게 떨거나 흔들어 준다. 이 동작들은 고정하여 실시하거나, 연속적으로 실시하거나 압을 주는 진동을 실시할 수 있다.
  - 흔들기 : 이 동작은 거친 진동이며 완전히 이완된 손가락이나 손으로 실시한다. 흔들기 동작은 바이브레이터와 같은 전기적으로 작동되는 기계로 실시할 수 있다.

(5) 마사지 순서

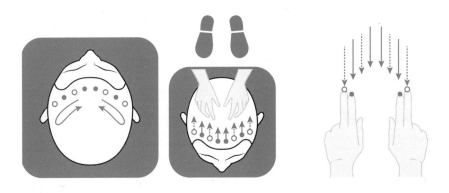

① 검지와 중지를 번갈아 움직여 주면서 전두부(프론트탑)에서 사이드 방향으로 왕복으로 천천히 시술한다.

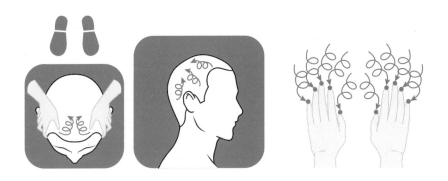

② 다섯 손가락을 사용하여 크게 원을 그리듯이 미끄러지게 백회방향으로 향한다. 이때 엄지는 원을 그릴 때 지지대 역할을 한다.

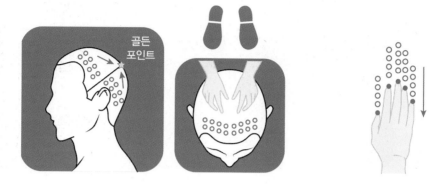

③ 다섯 손가락 모두 같은 힘으로 지압한다. 페이스라인, 귀 뒤, 네이프에서 골든 포인트를 향하여 양손으로 천천히 지압한다.

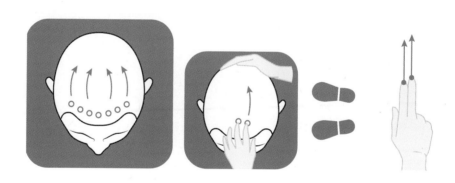

④ 검지와 중지를 사용하여 페이스라인에서 이어 투 이어라인까지 강찰법으로 천천히 시술한다. 오른손은 후두부를 받쳐 준다.

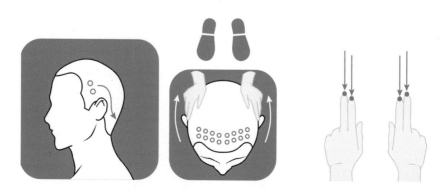

⑤ 양손의 검지와 중지를 사용하여 관자놀이에서 네이프 라인까지 천천히 미끄러지듯이 마사지한다.

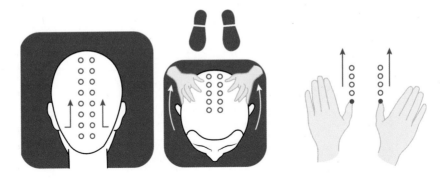

⑥ 네이프라인에서 페이스라인까지 엄지를 이용하여 지압한다. 나머지 손가락은 받쳐 준다.

◈ 두피 지압점

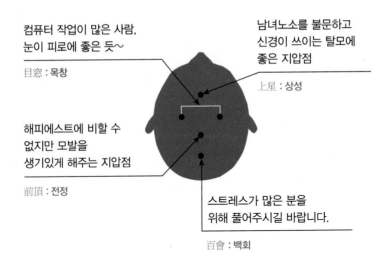

컴퓨터 작업이 많은 사람,
눈이 피로에 좋은 듯~

目窓 : 목창

남녀노소를 불문하고
신경이 쓰이는 탈모에
좋은 지압점

上星 : 상성

해피에스트에 비할 수
없지만 모발을
생기있게 해주는 지압점

前頂 : 전정

스트레스가 많은 분을
위해 풀어주시길 바랍니다.

百會 : 백회

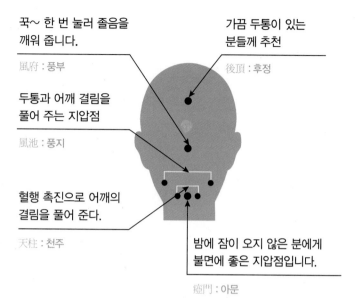

꾹~ 한 번 눌러 졸음을
깨워 줍니다.

風府 : 풍부

두통과 어깨 결림을
풀어 주는 지압점

風池 : 풍지

혈행 촉진으로 어깨의
결림을 풀어 준다.

天柱 : 천주

가끔 두통이 있는
분들께 추천

後頂 : 후정

밤에 잠이 오지 않은 분에게
불면에 좋은 지압점입니다.

瘂門 : 아문

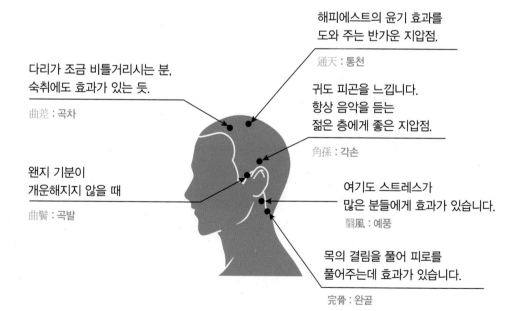

다리가 조금 비틀거리시는 분,
숙취에도 효과가 있는 듯.

曲差 : 곡차

왠지 기분이
개운해지지 않을 때

曲鬢 : 곡발

해피에스트의 윤기 효과를
도와 주는 반가운 지압점.

通天 : 통천

귀도 피곤을 느낍니다.
항상 음악을 듣는
젊은 층에게 좋은 지압점.

角孫 : 각손

여기도 스트레스가
많은 분들에게 효과가 있습니다.

翳風 : 예풍

목의 결림을 풀어 피로를
풀어주는데 효과가 있습니다.

完骨 : 완골

(6) 샴푸대에서의 마사지 테크닉

기본 테크닉 순서

A. 경찰(손빗질)
사진과 같이 손을 얹고,
손가락에 가볍게 힘을
주면서 화살표 방향으로
천천히 쓸어 내려준다.
① 센터
② 사이드

① 센터   ② 사이드

B. 지압(백회 : 정수리의 숨구멍)
① 백회 (●표시)에 오른쪽
   엄지손가락을 대고,
   왼손으로 그 위를
   받쳐 준다.
② 2초간 누르고, 2초간 뗀다.

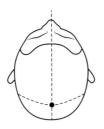

※ 백회의 효과
   조바심·불면증
   흥분·두통

C. 지압(경락)
· 2초간 누르고, 2초간 뗀다.
  * 머리카락이 당겨지지
    않도록 이동

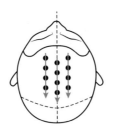

사진의 ① ~ ④의 순서대로 정 중앙선상 네 군데 지압

⑤ ~ ⑥의 순서대로 바깥쪽 좌우 연장선상의 표시 부분 네 군데를 지압

D. 유연(안쪽방향·앞 부분)

①

가볍게 힘을 주어 화살표
방향으로(안쪽 회전)
천천히 4회 돌려준다.

②

그림 ①~③의 순서대로
유연을 해준다.
(유연 : 문질러 풀어줌)

다섯 손가락 끝마디를 두피에 바짝 댄다.
(머리 위에서 미끄러지지 않도록 주의)

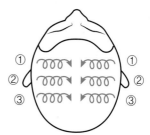

③

E. 유연(안쪽방향·옆 부분)

F와 같은 요령으로
사진 ① ~ ③의 순으
로 유연을 해 준다.

①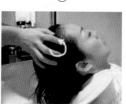

②

③

F. 유연(안쪽방향·뒤 부분)

F와 같은 요령으로
사진 ① ~ ②의 순서
대로 유연을 실시

돌리는 방향에 주의

①

②

G. 지압(귀 둘레)

엄지 손가락을 ①의
화살표 방향 쪽으로
가볍게 눌러 주듯이
미끄러지게 한다.

②의 위치까지 가면
앞 쪽으로 살짝 뺀다.

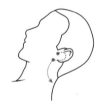

①
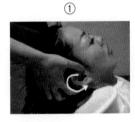

②
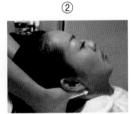

H. 지압(네이프 : 목둘레)

손가락을 그림의 위치
에 두고, 머리 뒷 부분
을 감싸 준다.

①

②

중지와 약지에 힘을 주어
안쪽 방향으로 3회 돌려
준다.

뼈 부위에 손가락을 걸치
고 화살표 방향으로 3초
간 지압하고 다섯 손가락
에 힘을 준 체로 천천히
몸쪽으로 빼준다.

I. 지압

그림의 위치를 손바닥
으로 압박해 주면서
화살표의 방향 쪽으로
쓸어 올려준다.
〈3회〉

J. 경찰(손빗질) A와 동일〈1셋트〉

사진과 같이 손을 얹
고, 손가락에 가볍게
힘을 주면서 화살표
방향으로 천천히 쓸어
내려준다.
① 센터
② 사이드

① 센터　　　　② 사이드

K. 경찰(손바닥)

사진의 위치에서 시작
하여 손가락 마디가
화살표 라인을 지나가
듯이 손바닥 전체를
이용하여 쓸어내린다.
〈2회〉

(7) 마사지 이외의 테크닉

마사지 이외의 테크닉

A. 아로마브레스

〈효과〉 시술에 들어가기 전에 호흡을 가다듬어주어, 시술을 받기 쉬운 자세로 한다.
아로마 오일을 들이쉼으로써 아로마 오일이 가지고 있는 효과를 준다.

① 손목에 아로마 오일을 한 방울 떨어뜨려 양쪽 손목을 겹쳐 따뜻하게 해준다.

② 얼굴 위에서 화살표 방향으로 손을 돌려, 향기를 맡을 수 있도록 해준다.

③ 양 손목을 미간 사이에서 멈추고 손님에게 천천히 세번 심호흡을 하도록 한다. 기술자도 손님과 함께 심호흡을 해줄 것.

B. 클렌징

〈역할〉 보통 샴푸로는 제거하기 어려운 피지 등, 더러운 요소를 없애주고 두피를 청결한 상태로 해준다.

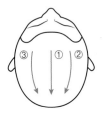 

① 클렌징 오일을 사진의 ① ~ ③의 순서대로 페이스 라인에서 머리 윗 부분까지 슬라이스 떠서 두피에 직접 바른다.

프레린스의 톱 요령

③ 페이스 라인에서 GP 쪽으로 두피를 가볍게 빗질하듯이 오일을 스며들게 한다.

샴푸의 정중앙 요령

② 양손을 엇갈리게 하여 정중선에 오일을 스며들게 한다.

C. 유화

〈역할〉 약제를 따뜻한 물과 섞어 유화시켜 줌으로서, 약제와 피지가 빠지기 쉽게 한다.
혈행촉진, 두피의 긴장을 풀어준다.

〈사진 1〉

① 약간 뜨거운 물을 받는다. 온도 40~42도
② 받아둔 물에 펼친 타월을 담가, 양손으로 〈사진 1〉과 같이 둔다.

〈사진 2〉

③ 타월의 윗 부분에서부터 두피를 감싸고 손 전체를 2초간 밀착시킨다.

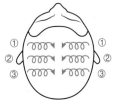

〈그림 1〉

〈그림 2〉

④ 마사지 [유연 D, 티]의 요령으로 전두부 〈그림 1〉, 측두부 〈그림 2〉를 유연해 준다. 한 부분마다 따뜻한 물에 다시 담갔다가 2초간 손을 밀착시킨다.

D. 타월 바스

〈효과〉 두피를 따뜻하게 해 줌으로서, 모공을 열어주고 두피를 부드럽게 하여 더러운 요소가 세척되기
쉽게 한다. 혈행촉진

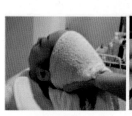

뜨겁지 않으세요?

① 타월을 페이스 라인
에 맞추고 바짝 감싸
주고, 네이프 부분에
서 타월의 단을 겹쳐
끼워 준다.

② 타월을 가볍게 꼬아 묶어, 왼손으로 지탱.
③ 조금 뜨거운(39~41℃) 물을 약하게 하여 (샤워
기 끝까지 오는 정도) 든다.
④ 왼손의 중앙 → 정 중앙선으로 샤워를 이동시키
면서 온수의 세기를 조절한다.
⑤ 귀 옆 → 중앙(2초 정지) → 귀 옆 순서로 따뜻
하게 해 준다.
〈위쪽 2번 왕복+아랫쪽 1번 왕복×3셋트〉

⑤ 후두부에 샤워를 밀어
넣고 물을 잠근 후, 유
연(앞방향) 시술 요령
으로 마사지 해 주면
서 타월을 벗겨 준다.

E. 체인지린스

〈효과〉 트리트먼트제를 물에 풀어 도포하여 줌으로써, 모발 구석구석까지, 빠르게 침투시킨다.

① 트리트먼트제를 모발에 도포한다.
② 샴푸 볼에 약간 뜨거운(40~41℃) 물을 받는다(아로마 오일이 있어서 물에 타주면 좋습니다).

〈앞 부분〉

③ 받아둔 물을 양손에 담아, 페이스 라인
에서 약 3cm 뒤쪽 중앙에 살짝 뿌려
준다.
④ 뿌려준 물을 양손으로 빗어 주듯이
하여 전체적으로 스며들게 한다.

〈옆 부분〉   〈뒷 부분〉

③ 앞 부분과 같은 요령으로 뿌려주어,
스며들도록 한다.
④ 뒷 부분은 한쪽 손으로 머리를 받쳐 들
고, 양손으로 번갈아가며서 뿌려 준다.

F. 핫 타월

〈효과〉 머리 전체와 목 부위를 따뜻하게 하여 줌으로써, 순환을 높여 준다.

① 뜨거운 타월을 온열기에서 내온다.

※ 온열기가 없는 경우

② 4번 접은 타월을 페이스 라인에 얹고 화살표 방향에 따라 엄지로 눌러준다.

③ 귀 뒷쪽을 가볍게 톡톡

4번 접은 타월을 반만 뜨거운 물로 적셔, 마른면을 바깥쪽으로 해서 짬

④ 타월을 반으로 접어, 오른손에 얹고, 머리를 들어올려 목에 대준다.

⑤ 타월 단이 접히지 않도록 넓혀 살짝 머리를 얹는다.

G. 미스트 사우나

〈효과〉 입자가 고운 대량의 미스트를, 적당 온도로 보급하여 줌으로써 모발과 두피의 찜질 흡수효과를 높여주며 또한, 수분의 분자운동을 활성화시켜 약제를 내부까지 침투시킨다.

※ 미스트는 사용하기 2분 전에 스타트 시켜둔다.

① 미스트 캡의 네이프 부와, 옆으로 4번 접은 타월의 중앙부분을 겹쳐 준다.

② ①에 맞춘 부분을 네이프 중앙의 안쪽으로 끼워주고 머리를 눕힌다.

③ 머리가 긴 경우에는 블로킹하여 모발 끝부분이 겹치지 않도록 클립으로 고정

※ 미스트 캡을 사용하
지 않는 경우

④ 타월을 페이스라인에 말아주고, 클
립 등으로 고정시킨다.
⑤ 귀를 타월 사이에 끼워주듯이 해주
면 뜨겁지 않다.

⑥ 타월 윗 부분에
서부터 씌워 준
후 끈을 종여 미
스트 호스를 연
결한다.

⑦ 종료 후에는 갭
과 타월을 동시
에 벗겨 준다.

타월 2장을 사진과 같이
걸쳐주고, 미스트 호스를
샴푸 볼 안의 네이프 쪽으
로 향하게 하여 넣어준다.

H. 토닉 마사지

〈효과〉 상기된 두피를 활성화 시켜준다. 약제의 효과에 의해 두피의 보습, 비듬, 간지러움을 방지,
상쾌함을 느끼게 한다.

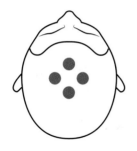 

① 그림의 4 포지션에, 토닉을 도포한다.
도포할 때마다 약제가 흘러내리지 않도
록 주의해서 살짝 스며들도록 한다.

② 전체적으로 토핑
(손마디 튕김)을 해준다.

③ 전체적으로 핫킹
(두드림)을 해준다.

I. 어깨·목 마사지

〈효과〉 계속 같은 자세로 앉아 있어서 경직된 어깨나 목을 완화시켜 줌으로써, 전체적인 순환을 향상
시켜 주고, 지금까지의 마사지 효과를 보다 높여 준다.

① 엄지의 제일관절을 사
용하여, 목에서부터 어
깻죽지까지 사진과 같
이 쓸어 내린다.
〈사진의 3군데〉

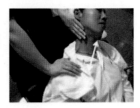

② 한 쪽 손을 귀 아래 부
분에, 다른 한 손은 어
깨에 대고 양손을 누르
면서 펼쳐 주듯이 하여
목관절을 펴준다.
〈좌우 2회씩〉

③ 양손의 팔목을 양 어깨
의 어깻죽지에 대고,
등받이 쪽으로 누르면
서 펼쳐주듯이 하여 펴
준다. 〈2회〉

④ 양손 바닥으로 목에서
부터 팔뚝까지 쓸어 내
려 준다. 〈1회〉

6) 영양도포

영양도포는 두피 모발에 좋은 영양을 주는 시술로 두피전체에 꼼꼼하게 도포해야 한다.
회사별로 영양도포를 한 후 세척을 해야 하는 제품이 있고, 세척을 하지 않아도 되는 제품이 있다.
(사용설명서를 참조해야 한다.)

(1) 도포방법

도포 방법은 스켈링 도포 방법과 동일하게 두피 전체를 크게 4등분한 후에 각 파팅별로 섹션을 좁게 (1~2cm 정도) 나누어서 면봉이나, 손가락 지문부분으로 가볍게 도포하며, 두피타입별로 영양제품을 선택하여 도포한다. 이때 예민성, 지루성 두피는 특히 도포 시 주의해 도포한다.

(2) 도포순서

① 두상을 4등분 나눈다.
② 한 부분을 섹션을 정중선을 기준으로 평행하게 1~2cm 정도로 나누어서 도포한다.(제품별로 면봉을 이용할 수도 있고, 손가락으로 도포할 수도 있다.)
③ 전체적으로 도포를 끝낸 후에 15~20분 정도 시간을 둔다.
④ 이때 기기(적외선기. 미스트기 등)가 있으면 사용한다.
⑤ 시간이 지난 후에 플레인 샴푸를 한다.
　◆ 영양도포 시 모발용 트리트먼트를 모발에 도포해도 좋다.

7) 토닉도포

두피토닉은 두피의 영양분을 공급하여 탈모방지나 가는 모발을 튼튼히 하는 제품이다. 토닉은 도포 후 샴푸를 거의 하지 않는다.
헤어토닉은 모발을 위한 제품이고 두피토닉은 두피관리를 위한 두피용 토닉이다. 두피 스켈링하고 샴푸하고 두피앰플(영양)을 쓰고 두피토닉을 사용하는데 매일 매일 두피를 관리하고자 한다면 샴푸-두피토닉만으로 관리해도 많은 도움이 된다.
각각의 용도를 설명해 보면
　· 두피토닉 : 두피용 영양제, 양모효과
　· 두피영양(앰플) : 두피+모발용 영양제, 두피보습용

특히 머리가 가늘고 쉽게 빠지는 탈모성 두피에는 두피 앰플과 함께 양모 효과가 있는 두피용 토닉을 도포하는 것이 좋다.

토닉은 머리가 잘 빠지고 가늘고 힘이 없는 경우에는 아침, 저녁으로 수시로 사용해주면 효과가 더욱 좋다.

(1) 도포 방법

모발토닉은 모발의 손상이 심한 부분을 위주로 도포하여 흡착이 잘 되도록 마사지를 한다. 두피토닉은 영양도포와 동일하게 시술한다.

8) 스타일링

토닉 도포가 끝난 후에는 드라이기로 모발을 말리고, 헤어 스타일을 정리 해준다.

⑤ 홈케어

처방에 의한 관리가 다 끝난 후에는 홈케어를 어떻게 해야 하는지에 대해 고객에게 잘 설명을 해야 한다.

두피관리실에서의 관리만으로는 효과를 보기 어렵기 때문에 고객의 라이프스타일에 대한 관리를 어떻게 해야 하는지에 대해 알려 준다.

두피별 홈케어 방법은 7장 두피관리 유형편에 나와 있다.

SCALP HAIR CARE

SCALP
HAIR
CARE

제5장

두피관리기기

① 기기적 방법

두피 및 탈모에 대한 기기의 사용은 사용목적에 따라 문제 부위에 대한 스스로의 면역력 증진과 신진대사 기능의 회복, 혈액순환개선, 문제 원인파악 등의 효과에 지니고 있는 것으로 사용목적 및 문제원인에 따라 진단용, 근육이완용, 세정용, 영양침투용, 두피 기능개선용 등으로 구분된다.

② 관리 시 기기의 필요성

제품에 대한 인체의 방어 작용을 해소시키기 위한 것과 인체 스스로의 개선효과를 높이기 위한 것이 바로 기기의 사용이며, 이는 단순히 손을 이용한 관리법을 대신하는 차원을 넘어 좀 더 과학적이고 효과적으로 하기 위한 방법이다.
- 제품의 침투력 향상한다.
- 인체의 신진대사 향상 효과가 있다.
- 과학적 접근으로 체계적인 원인 규명 및 관리 효과가 있다.

③ 기기의 종류

1) 진단용 기기

확대경, 두피 모발 진단기, 현미경, pH측정기, 유·수분측정기
- 작용 : 상담결과의 보조적 역할, 두피 모발의 현 상태 및 문제 발생원인을 파악한다. 문제원인에 따른 적합한 사용제품 및 기기의 결정, 고객과의 마찰 예방 효과가 있다. 관리 프로그램 결정, 관리기간 결정, 두피 모발에 대한 고객의 이해를 도움, 홈케어 지도한다.

2) 근육이완용 기기

두피마사지기. 저주파기, 고주파기
- 작용 : 근육이완효과, 혈액순환 개선의 효과, 독소 및 노폐물 배출의 기능, 영양 및 세정 관리 효과의 상승효과, 고객의 긴장감 완화 효과가 있다.

3) 세정용 기기

스팀기, 자동샴푸기, 두피 순환기, 두피온욕기, 스켈프 펀치
- 작용 : 모공주변 및 두피 이물질 제거, 두피 혈액순환 개선, 두피 및 모발 수분 공급효과 산화 피지의 제거효과, 독소 배출의 기능이 있다.

4) 영양침투용 기기

적외선기. 고주파기, 저주파기, 이온투입기
- 작용 : 혈액순환 개선효과, 살균/소독의 기능, 두피신진대사 개선효과, 제품의 경피 흡수 촉진 효과, 두피 조직 강화 효과, 세포자극 효과, 두피 노화방지 효과가 있다.

5) 재생용 기기

광선기, 레이저
- 작용 : 세포재생 효과, 단백질합성 효과, 두피 진정 효과, 혈액순환 개선 효과, 노폐물 및 독소 배출 효과, 경피 흡수 촉진 효과가 있다.

④ 기기 선택 시 고려사항

① 기기의 사용목적

② 관리실의 규모 및 고객 취향

③ 기기의 작용원리 및 기능

④ 기기의 보조 기능

⑤ 관리 고객층

⑥ 사용제품과의 호환성 여부

⑦ 기기의 허가 사항

⑧ 가격 및 유지비 고려

5 기기별 원리, 특징, 사용목적

1) 진단기기

두피진단용 기기로 진단 기기의 사용은 단순히 고객에게 시각적 표현을 하기 위한 것이 아니라 전체 두피 및 모발관리의 기본이 된다.

진단용기기의 사용은 현재의 두피 상태를 파악하기 위한 것으로 전체 관리의 기본 프로그램 및 문제의 원인과 관리 효과, 임상데이터 등을 파악하기 위한 관리 기초 기기이다.

(1) 확대경

일반적으로 물체의 상이 렌즈와 물체의 거리, 렌즈와 눈 사이의 거리를 통하여 확대되어 나타난다. 일반적으로 단일 볼록렌즈의 경우 5배 확대 배율 정도이면, 두피측정 시에는 조명이 부차된 것을 주로 이용한다.

① 특징

두피전체의 상태를 파악하는 장비로 일반적으로 육안 측정이 이루어진 후 초기 진단과정에서 사용된다.

② 사용목적

- 모발이식 수술 시 모낭 단위 분리
- 비듬 및 염증 두피 문제점 파악
- 모발의 밀도 분석
- 탈모진행정도 파악
- 모공 막힘 정도 및 모공당 모발 수 파악

③ 사용 시 주의사항

- 렌즈 부위에 이물질이 묻지 않도록 주의
- 꼬리빗 등으로 모발을 섹션을 나뉘어 파악

(2) 모발 진단기

두피 및 모발의 문제점을 고배율의 렌즈를 이용하여 측정한 후 테이터를 모니터로 전송하여 두피 문제를 파악하는 기기이다. 컴퓨터와 연결되어 고객관리 및 상담 그리고 출력이 자유롭다.

① 특징

다양한 렌즈 배율로 두피 측정이 가능하다. 두피 모발관리의 기본이 되는 기기이며, 컴퓨터와 연계하여 임상 데이터를 저장과 출력이 가능하다. 진단 시 카메라의 두피 색상인식 부분이며, 이는 진단과정을 좀 더 정확하게 만들어 주는 요소이다.

② 사용목적

사용목적에 따라 렌즈를 달리 사용하여 측정한다.
- 1배 : 전체적인 모발의 밀도 분석, 탈모유형파악, 고객헤어스타일
- 40~50배율 : 일정 공간 안에 존재하는 모발의 밀도 및 염증 체크, 비듬 및 각질의 분포 상태체크, 두피 탄력도 체크
- 200~300배율 : 모공당 모발 수 파악, 모공의 주변 파악, 피지 및 각질 분포도, 두피예민도 두피 문제점의 종합적 파악
- 600~800배율 : 모발 큐티클층 배열 상태 파악, 모발 염색 상태 및 모발 건강 상태 파악

③ 사용방법
- 꼬리빗 등을 이용하여 섹션을 떠가며 체크한다.
- 렌즈를 선택한 후 살균, 소독한다.
- 측정부위와 진단기의 렌즈부분이 직각이 되도록 하여, 외부로부터 빛이 유입되는 것을 막는다.
- 두피 측정 시 전두부 → 두정부 → 좌측두부 → 우측두부 → 후두부 → 전체 촬영 순으로 측정한다.
- 고배율 렌즈를 이용하여 측정할 경우 렌즈의 작은 움직임에도 모니터상 변화가 심하므로 측정 시 주의한다.

(3) 현미경

현미경은 빛을 이용하는 광학 현미경에서부터 전자 및 원자를 이용하는 것에 이르기까지 다양하게 존재한다.

① 특징

두피 및 모발관리 시 현미경의 활용은 모발의 큐티클층 관찰 및 두피에 기생하는 모낭충, 비듬균 등의 관찰에 이용되고 있다. 사용목적에 따라 광학 현미경 또는 전자 현미경 이용한다. 광학 현미경은 가시광선과 유리렌즈를 이용하는 현미경으로 2,500배까지 사물을 확대하여 칼라로 관찰이 가능하다. 전자현미경은 유리렌즈 대신 전자렌즈를 이용하며, 광원에 있어서도 빛을 이용하는 것이 아니라 파장이 짧은 전자를 이용하여 물체를 확대하는 원리이다.

② 사용목적

- 큐티클 배열 및 상태 손상도 파악
- 모근 관찰을 통한 탈모 원인 파악
- 두피조직의 연구
- 모발의 다공성 파악

(4) 유·수분 측정기

두피와 피부조직에 함유되어 있는 수분과 유분의 분비상태를 파악하는 데 이용한다. 유·수분 밸런스의 체크와 관리는 두피 관리에서 중요하다.

유·수분의 보유량을 동시에 측정할 수 있는 기기로 두피 타입 및 노화 등을 판단하는 데 이용한다.

① 사용목적

- 피지분비상태 파악
- 부분함량 파악
- 관리제품의 선택 기준
- 두피 건성, 지성 판단

② 사용 시 주의사항

주변 온도 및 습도 등에 따라 측정수치에 변화를 나타낼 수 있으므로 비슷한 조건에서 측정한다.

(5) pH측정기

pH측정은 샴푸제, 펌제, 염모제 등과 같은 화학약품으로 피부의 pH측정할 때 사용한다.

① 사용목적

- 피지 산화도 파악
- 두피 측정을 통한 염증 발생률 유추
- 고객 두피에 적합한 홈케어 제품 제시

② 사용방법

- 측정단자를 여러 번 세척한다.
- 측정 시 온도는 25℃로 하는 것이 정확한 측정을 위해 좋다.

2) 관리용 기기

관리 시 적용하는 관리용 기기의 원리 및 사용방법상 주의사항, 특징을 이해하여 효과적인 관리를 위해 필요한 기기이다.

(1) 근육이완용 기기

두피 탈모관리와 관련이 있는 근육조직은 골격근으로 특히 척추부위 및 두개골에 존재하는 골격근의 문제는 두피로 흐르는 혈액의 흐름 및 신경조직, 임파, 두피 톤 등 두피 신진대사 기능에 영향을 준다. 마사지기는 근육 및 피부조직에 일정한 압을 가하여 근육조직을 이완시키므로 혈액순환을 원활히 하고 체내 누적된 독소의 배출을 도와주는 것으로 신진대사의 기능을 향상시키는 작용을 하는 기기이다.

① 특징

손으로 이용하는 마사지 테크닉을 기기의 작용에 접목한 것으로 손 관리의 단점을 보완하는 작용을 한다.

② 사용목적
- 근육이완 효과
- 혈액순환 개선 효과
- 세포 활성화 효과
- 노폐물 및 독소 배출 효과
- 피지분비조절기능
- 신진대사 개선 효과

③ 사용 시 주의사항

- 사용 시 근육조직 위주로 관리하여야 하며, 지나친 강도로 골격까지 자극이 전단되는 것을 피한다.
- 고객의 두피상태에 따라 기기의 관리강도, 사용여부, 관리시간 등을 조절한다.

(2) 고주파기

고주파는 파장의 크기에 따라 단파, 장파, 극초단파로 분리되며, 단파와 극초단파의 경우에는 치료 및 수술 시 사용되는 의료용 고주파 파장이다.

미용분야의 경우에는 주로 300M 정도의 파장을 지니는 장파를 사용하고 있으며, 비만, 탈모관리 등에 이용한다.

미용영역에서는 고주파의 사용은 전류가 체내 통전 시 체내조직에서 발산되는 심부열의 작용을 이용한다. 심부열은 체내조직을 구성하는 분자들이 진동하면서 회전운동, 충돌 등에 의해 생기는 생체열을 말하며, 모세혈관 및 동맥을 확장시켜 혈액의 흐름을 원활히 하여 산소와 영양분의 공급을 증가시킨다. 또한 체내 축적된 노폐물의 배출에 관여하는 림프 및 정맥의 순환을 도와준다.

① 특징

두피 탈모관리에서 사용되는 고주파기는 크게 두 가지의 목적을 지니는 것으로 두피 부분의 혈액순환 및 살균, 소독의 목적, 부위 동맥과 모세혈관의 혈액순환을 개선하고자 하는 목적으로 나뉘어진다.

② 사용목적

- 활성산소 제거를 통한 산소공급 효과
- 동맥 및 모세혈관 확장을 통한 혈액순환 개선 효과
- 림프순환을 통한 체내 독소 배출 효과
- 모근 자극과 두피 살균, 소독 효과
- 심부열로 세포활성화 및 세포재생 효과

③ 고주파기 사용방법

- 두피 스켈링 후 모발 및 두피의 물기를 타월 드라이하여 제거한다.
- 진공관을 소독한다.

(3) 저주파기

상용저주파를 이용한 인체 관리 및 치료의 기본 작용원리는 인체 내에 흐르는 미세 전류의 흐름에 문제가 생긴 것을 주파수가 낮은 저주파를 이용하여 체내 전류의 흐름을 원활히 흐르도록 풀어주는 것으로 한방에서 말하는 기기의 흐름을 풀어주는 원리와 유사하다.

저주파의 사용은 신경부위 작용은 근육운동 및 혈액순환 개선 등의 효과를 얻을 수 있는 것으로 비만관리 및 근육관리 등에서도 이용되고 있다. 일반적으로 10Hz 정도의 낮은 주파수는 관리사가 손으로 가볍게 두드리는 정도의 강도로 근육운동을 자극하며, 주파수가 높을수록 통증을 진정시키는 효과를 나타낸다.

① 사용목적

- 근육의 수축운동
- 혈액순환 촉진 및 개선효과
- 제품의 경피흡수 촉진

② 관리 시 주의사항

- 심장병, 임산부 등은 피한다.
- 10~15분 정도 관리하는 것이 효과적이다.

3) 세정용 기기

두피에는 샴푸세정만으로는 모공 안쪽의 노폐물 및 이물질을 제거하는 데 한계가 있다. 두피에 세정을 더욱 더 깨끗하게 하기 위한 기기이다.

(1) 두피용 스티머

두피의 노화각질은 각질 연화제만으로도 일부 제거되지만 피부 상피세포의 경우 수분을 흡수하게 되면 각질 사이의 결속력이 저하되어 쉽게 떨어지는 특성을 지니고 있다.

① 특징

두피용 스티머는 헤어트리트먼트용 스티머의 수분입자에 비해 크고 무게감이 있어 단 시간 내에 두피에 충분한 수분을 공급할 수 있다. 스티머에서 분사되는 따뜻한 수분의 작용은 혈액순환 개선 및 모공주변을 열어 주는 작용, 두피 내 부족한 수분을 공급하는 역할 등을 한다.

두피의 노화각질 정도가 적고, 예민성 두피의 경우에는 두피에 부담을 적게 주기 때문에 헤어 트리트먼트용 스티머기가 효과적일 수 있다.

수분입자에 의한 노화각질의 제거 외에도 각질연화제의 두피 도포 시 발생할 수 있는 홍반 및 염증 작용을 예방, 완화할 수 있는 역할을 보조적으로 지니고 있다.

② 사용 시 목적

- 두피 및 모발 부위의 수분공급
- 노화각질의 팽윤, 연화작용
- 모공 확장
- 각질연화제의 상승효과 및 부작용 예방과 완화 효과
- 온열작용에 의한 두피 혈액순환 효과

③ 사용 시 주의사항

- 뜨거운 수증기가 얼굴에 닿지 않도록 주의한다.
- 관리목적에 따라 스티머기를 선택한다. 각질연화 및 두피 내 수분공급 목적이면 두피용 스티머기를 사용하고, 살균, 소독 및 모발 내 수분공급 목적이면 헤어트리트먼트용 스티머기를 사용한다.
- 사용시간 및 온도는 예민성 두피의 경우 7~8분 정도, 온도는 35~40℃ 정도에서, 비듬성 두피에는 10~15분 정도로 온도는 40~45℃ 정도에서 관리하는 것이 효과적이다.

(2) 두피세정기

실린더 안에서 피스톤 왕복운동을 물에 접목한 기기로, 물탱크의 물이 본체의 전기적 작용에 의해 움직이는 피스톤 왕복운동에 따라 수압의 상승을 유발하는 기기이다.

두피적용 시 마사지 효과도 얻을 수 있고 모공깊이 자리 잡고 있는 피지산화물 및 노화각질, 각종 화학약품 잔여물을 제거하는 기기로 모공을 깨끗이 열어 영양제품의 흡수를 도와 준다.

① 사용목적

- 모공주변 노화각질 및 피지 산화물 제거
- 수압을 통한 마자지 효과
- 화학제품 잔여물 제거

- 염증제거 효과
- 두피의 산소 공급상승 효과
- 영양제품이 흡수촉진 효과
- 두피세정 효과

② **사용방법**

- 38℃의 연수를 사용한다.
- 고객의 두피상태 및 예민도에 따라 세정기의 수압정도를 조절한다.
- 정중선을 기준으로 양옆으로 2cm 간격으로 섹션을 나뉘어가며 정수리 부위에서 세로방향으로 세정한다. 후두부 관리는 네이프 부위에서부터 2cm 간격으로 정수리 쪽으로 이동하면서 가로방향으로 관리한다.
- 예민성 두피는 약, 건성두피는 중, 비듬성 및 과 각질두피는 강을 사용한다.

(3) 두피순환기

전기모터를 이용한 수압 조절과 히팅 효과를 이용하여 물의 온도조절이 가능하며, 두피의 상태에 따른 수압 조절을 통해 두피 이물질의 제거와 두피마사지 효과를 동시에 볼 수 있다.

① **사용목적**

- 모발 보습 및 영양공급
- 두피 노화각질 제거 및 마사지 효과
- 모발 윤기 부여
- 세정 시 고객 자리이동 없음

(4) 두피온욕

원활한 신진대사를 위한 조건 중 기초가 되는 것으로 혈액순환을 들 수 있으며, 이는 모발 성장 및 건강에 있어서도 가장 기초가 된다.

따뜻한 물을 이용하는 온욕은 물에서 발산하는 온열작용이 신체 말단부까지 고른 혈액의 공급과 피부 조직에 누적되어있는 각종 노폐물과 이물질, 독소 등을 제거하는 효과를 지니고 있다.

① 사용목적

- 샴푸잔여물 제거
- 두피 혈액순환개선
- 노화각질 및 피지 산화물 제거
- 두피 산소공급 및 신진대사 기능 향상효과

4) 영양침투용 기기

두피는 흡수의 기능과 보호의 기능을 동시에 지니고 있는 것으로 두피 조직의 보호 작용은 주로 피지막, 각질층은 표피세포 등에서 나타난다.

때문에 효과적인 제품의 침투를 위해서는 두피조직의 흡수의 기능과 보호의 기능을 적절히 이용하여야 하는 것으로 모공 및 두피조직의 청결과 더불어 기기의 사용을 통한 두피 조직의 방어 작용을 순간적으로 약화시키거나 또는 강제적으로 침투시키는 방법을 이용한다.

(1) 적외선기

적외선은 파장이 다른 광선에 비해 길고 에너지가 자외선과 같이 높지 않기 때문에 분자의 화학결합에 변화를 주지 않는다. 때문에 인체 및 피부조직에 유의하지 않으며, 침투된 적외선은 분자 사이의 운동을 촉진시켜 열을 발산하도록 하는 작용을 한다.

적외선의 세포자극과 열 발산원리 등을 이용하여 제품의 경피흡수 및 혈액순환을 도와주는 데 사용한다.

두피탈모관리에 있어 적외선의 사용은 세포자극과 그에 따른 열의 발산 및 적외선의 피부조직 내 침투를 이용한 것으로 원적외선의 경우에는 피부조직 40mm까지 침투하면서도 분자의 화학결합에 아무런 변화를 주지 않기 때문에 가능한 것이다.

① 특징

관리용의 적외선은 백열등에서 발산되는 근적외선의 작용과 유사한 것으로 텅스텐 필라멘트를 통해 발산되는 근적외선을 집중 조사할 수 있도록 고안된 기기이다.

② 사용목적

- 혈관확장과 혈액순환 개선 효과
- 노폐물 배출 촉진 효과

- 근육이완 효과

- 두피 진정작용

- 세포자극 통한 신진대사기능 개선 효과

- 영양제품의 경피흡수 촉진 효과

- 온열에 의한 경혈자극을 통한 두피 및 인체 기 순환 개선 효과

③ 사용방법

- 두피 모발에 물기를 제거한다. 효과가 반감될 수 있다.

- 두피로부터 30cm 정도 떨어진 거리에서 조사한다.

- 두피상태에 따라 사용시간을 달리 한다.

- 영양침투 목적으로 할 경우 제품 도포 전, 후에 하는 것이 효과적이다.

- 두피 조사 시 3분 간격으로 조사 부위를 옮겨 준다.

(2) 이온투입기

직류전류를 이용한 이온토퍼레시스 법을 기기에 접목한 것으로 제품의 경피 흡수는 물질 분자량, 제품의 성질, 피부조직 상태 등에 따라 경피 흡수율에 차이를 보이게 된다.

이러한 현상을 기기의 (+)극과(-)극의 전기적 작용을 이용하여 두피 조직 내 제품 침투 및 각질제거에 이용하는 원리로 전기적 반응을 이용한 두피 세정 및 제품 침투용기기이다. 서로 밀어내는 성질을 이용한 것이다. (-)극인 제품을 도포부위에 바르고 (-)극이 봉으로 관리를 하면 서로 밀어 내어 피부 내로 흡수가 이루어지는 원리이다.

① 사용목적

- 제품의 경피흡수 촉진 및 각질제거

- 두피 세포 신진대사 활성

- 혈액순환 개선 및 산소 공급

- 말초신경자극

- 마사지 효과

② 사용 시 주의사항

- 기기 사용 시 관리봉의 극을 확인한다.

- 두피상태에 따른 적합한 시간을 조절한다.

5) 세포재생용 기기

(1) 레이저

레이저란 특정한 파장의 광선을 증폭 또는 발진시키는 장치로 '유도 복사에 의한 빛의 증폭'이라는 의미의 약자이다.

인위적으로 불안정한 상태의 들뜬 원자를 유도한 후 다시 안정적인 상태 즉, 원자가 바닥상태에 놓일 때 발생되는 높은 에너지를 이용한 것이 레이저이다.

피부미용 산업의 경우에는 레이저 광선을 이용한 문신제거 및 흉터, 잡티제거, 제모 등의 시술에 이용된다.

① 특징

현재 두피, 탈모관리용으로 쓰이는 저출력 레이저기는 적외선 다이오드 방식의 반도체 레이저와 헬륨과 네온의 혼합기체를 이용한 의료기로 되어 있다. 두피탈모관리에서의 레이저는 출력이 약하기 때문에 두피조직에 흉터를 발생시키지 않으며, 모세의 활동 및 조직의 강화 목적으로 많이 사용되고 있다.

(2) 광선기

태양광선과 생물체 간의 작용관계를 이용한 기기로 지구상에 존재하는 모든 동, 식물들은 생존을 위하여 필수적인 것으로 빛의 작용을 받는다.

① 특징

전류가 흐르는 서로 다른 탄소봉에 전기적 접촉을 유도함으로써 발생되는 스파크로 인위적인 광선을 만들어 내며 집중적인 광선의 조사가 용이한 것이 특징이다.

광선기에서 조사되는 광선은 육안으로 볼 수 있는 파장 380~770nm의 가시광선 외에 살균, 소독 및 탈취와 오존발생에 관여하는 근자외선, 그리고 혈액순환 및 제품의 경피흡수를 돕는 근적외선이 동시에 발생한다.

광선기의 이러한 작용은 두피 및 모발세포의 기능이 떨어지기 쉽고 외부세균으로부터 감염이 쉬운 예민성 및 염증성 두피 그리고 탈모 진행형 두피 관리에 효과적이다.

② 사용목적

- 피부세포 및 모발세포의 활동촉진

- 근자외선에 의한 살균, 소독

- 근자외선에 의한 제품 경피 흡수 촉진

- 혈액순환 개선 및 노폐물 배출 효과

- 면역력 강화 효과

③ 사용 시 주의사항

- 사용부위에 따라 1일 관리시간을 15~30분 이내에 한다.

- 조사부위로부터 30cm 정도 떨어진 거리에서 조사한다.

- 기기는 항상 깨끗하게 관리한다.

SCALP HAIR CARE

SCALP
HAIR
CARE

제6장

두피와 한방

❶ 한의학에서의 탈모

1) 한방에서 보는 모발의 정의

① 모발

한의학에서는 모발은 오장육부와 밀접한 관계를 가지고 있다.

우선 모발은 신(腎)이 주관하는 것이다. 한의학에서 말하는 신은 신장과 방광, 생식기 등을 총괄하는 의미이다. 한의학의 관점에서 본다면 신은 모발을 만들어내는 능력을 가지고 있다. 따라서 이러한 신기능이 약화되거나 문제가 생기면 탈모와 백발 등 모발의 여러 가지 문제가 발생하게 되는 것이다. 또한 모발은 혈(血)의 나머지이다. 한의학에서는 모발의 원료를 혈액으로 생각해 체내에서 순환하던 혈액의 잉여분이 모발로 변한다고 여겨지고 있다. 따라서 체내에서 순환하는 혈액이 부족하게 되면 모발에 작용하는 혈액이 양이 모자라게 되면서 모발을 만들어 낼 수 없게 된다.

- 건강한 모발에 관여하는 주요인은 바로 신(腎)과 혈액순환이라고 할 수 있다.

2) 오장 육부

장부(臟腑)란 인체 내장의 총칭으로서 "오장"(심(心), 폐(肺), 비(脾), 간(肝), 신(腎))과 "육부"(담(膽), 위(胃), 대장(大腸), 소장(小腸), 방광(膀胱), 삼초(三焦))를 포괄한다.

오장의 공통적인 생리특징은 정기를 화생하고 저장하는 것이며, 육부의 공통적인 생리특징은 음식물을 받아들여 소화하고 전도(傳道)하는 것이다.

심(心)은 혈을 주관하여 혈액의 정상적인 움직임과 영양을 책임지는데 심의 기능이 정상적이면, 몸 전체의 장기와 모발이 혈액을 충분하게 공급 받을 수 있다.

폐(肺)는 피부와 가장 밀접한 장기로 오장육부에서 만들어진 진액을 전신에 순환시키고 또 피부에 영양분을 공급하는 경우 원동력이 되고 막힌 경락을 기운으로 소통시킨다.

비(脾)는 후천적인 영양으로 기혈을 만드는 원동력이 된다. 따라서 비의 기능이 정상적이면 모발도 충분한 영양분을 공급받고 성장도 된다.

간(肝)은 혈액을 저장하여 심(心)이 혈액을 주관하는 작용, 혈액의 정상적인 움직임과 영양면을 책임지고 있다.

간의 기능이 원활하면 머릿결이 부드럽고 윤택하지만 간기능이 저하되면 머리카락이 거칠고 메마르게 된다.

담(膽)은 간과 표리관계에 있어 생리적, 병리적으로 밀접한 관련이 있으며 청정한 액을 저장하고 배설하여 소화작용에 기여하며 정신 의식 활동의 부분적 기능을 수행한다.

위(胃)는 오장육부에 영양을 공급하는 원천이 된다. 대장(大腸)은 폐와 표리관계에 있다.

소장(小腸)은 심과 표리관계에 있으며 위에서 일차적으로 소화된 음식물을 받아서 좀 더 소화를 시킨 다음 영양물질과 찌꺼기를 대장으로 내려 보내는 역할을 한다.

방광(膀胱)은 신과 표리관계에 있으며 소변을 저장했다가 배설하는 기능을 한다.

삼초(三焦)란 몸속에서 일어나는 총체적인 에너지의 흐름을 설명하는 개념이다.

"먹는 것 → 먹은 것이 온몸으로 퍼지게 하는 것 → 배설하는 것"

신(腎)은 정기를 품고 있어 다음의 형태로 모발의 생리작용을 돕는다.

첫째, 신의 정기가 혈액으로 화생하여 모발에 영양을 준다. 둘째, 신의 정기가 원기를 들어 모발의 성장을 도와준다.

3) 모발에 대한 한의학의 기초 이론

(1) 오행설(五行說)

모든 사물을 목, 화, 토, 금, 수의 다섯 가지 범주로 나누면 모발은 수(水)의 범주에 속하며 이 범주를 신주(腎水)라고 부르며 이를 과장하는 기관이 바로 신(腎)이다.

① 모든 사물은 다섯 가지의 범주로 나눌 수가 있다.

- 목(木) : 분노를 하면 푸른 힘줄이 불거져 나온다.
- 화(火) : 기쁠 때는 안색이 붉어진다. 더위를 많이 탄다.
- 토(土) : 고민이나 생각이 많으면 마른다. 대부분 입이 크고 비대하다.
- 금(金) : 슬프면 건조하고 각질이 많다. 폐병을 앓는 사람이 많다.
- 수(水) : 놀라서 두려움을 느끼면 성장하지 못한다. 신장병을 앓는 사람이 많다. 머리카락이 빠지거나 희게 되고 추위를 몹시 탄다.

② 모발은 신수에 속한다.

모발은 오행 중 수의 범주에 속하며 신이란 큰 범주에 귀속되고 신의 지배를 받고 있다. 신수가 긴장과 스트레스를 받으면 원형탈모증을 유발한다. 신장 기능이 허약한 상태를 신허라 하며 신허를 일으키는 원인은 과다한 수분섭취, 과다한 염분의 섭취, 수면부족, 한랭이 탈모를 일으킨다.

③ 오행설은 상생과 상극의 이치이다.

상생과 상극은 탈모증 치료에 응용하면 좋은 효과를 볼 수 있다.

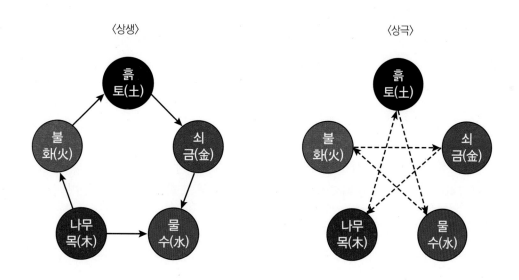

(2) 기혈수학설(氣血水學設)

한마디로 氣가 막혀 버리면 탈모의 원인이 된다고 보는 것이다. 즉 氣의 흐름이 원활하지 못하면 血과 水의 소통이 나빠지며 이는 결국 모발의 건강과 직결된다고 본다.

① 기가 막혀 버리면 탈모증의 원인이 된다.

한의학에서 기는 유동성과 효능성을 가지고 있다고 본다. 혈은 혈액, 수는 인체의 눈물, 콧물, 타액 등이다. 피와 물은 눈으로 볼 수 있는 물체지만 한의학에서는 유동성이 없고 반드시 기의 영향을 받아야 유동성을 가지게 된다고 본다. 기와 혈, 수의 상호관계를 중요시하는 것이 한의학의 기혈수학설이다.

② 기는 건강은 물론 모발과 밀접한 관련이 있다.

강한 충격을 받거나 두려움에 처할 경우 신기가 허해져서 모발을 만들어내는 능력은 저하된다. 한기를 받으면 머리가 어지러운 경우가 있는데 탈모의 원인이 된다.

③ 모발이 되는 원료는 혈이다.

모발은 피의 잉여분이다. 혈액이 부족하고 혈액이 희석된 상태를 혈허라고 부르며 빈혈도 혈허에 포함된다. 기의 흐름이 원활하지 못한 것을 기체, 혈액의 소통이 원활하지 못하고 적체되면 어혈, 수의 흐름이 적체되면 수독을 형성한다.

④ 수분의 과다 섭취는 대사불량을 일으키므로 모발의 큰 적이다.

수분의 과다 섭취는 신장의 작업량을 늘려 기능에 부담을 주게 되어 신장이 약화된다. 기, 혈, 수의 문제 가운데 어느 한 가지라도 좋지 않으면 서로의 관계가 균형을 상실하여 탈모를 일으키는데 이것을 기혈수학설이라 한다.

(3) 허실설(虛實設)

더운 물은 신진대사를 왕성하게 하지만(實) 동시에 피지선을 자극하게 되어(虛) 두피가 더욱 기름지게 된다. 그러므로 머리를 감을 때 적당한 물의 온도를 유지해 그 허와 실을 조절해야만 한다.

◆ 신허와 혈어는 모발에 영향을 미친다.

신기능이 약한 것을 신허, 혈액의 부족을 혈허라고 한다. 모두 허와 실의 이론에서 나온 것으로 이른바 허실설이다.

(4) 음양설(陰陽說)

상대성을 가지고 있는 寒과 熱을 분리해서 논하는 것이다. 사람의 머리 부분은 陽에 속한다. 즉 머리에 열이 너무 많으면 탈모의 원인이 된다고 보는 것이다. 머리는 保冷을 해야 모발이 건강해진다.

① 모든 것을 음과 양으로 나누어 생각해야 한다.

한과 열을 분리해서 논하는 것을 말하는데 음양이 조화를 이루는 것만이 가장 중요한 것이다.

② 어지러움증은 탈모의 원인이다.

머리에 열이 너무 많고 발이 차가운 상태를 상열하한이라고 한다. 잘못된 의, 식, 주가 상열하한을 유발시킨다. 옛말에 머리는 보냉하고 발은 보온해야 좋다는 이론이 있는데 머리는 열에 노출되면 탈모를 일으키고 발이 냉한 기운에 노출되면 신장 기능에 해롭다.

(5) 경락설(經絡設)

침구의 경혈은 머리에서 발끝까지 365개의 주경혈과 보조 경혈이 분포되어 있다. 해당 장기의 경혈을 자극하여 약한 부분을 보강하여 기능을 강화시키는 것이다. 모발의 경우 머리 부분과 腎을 관장하는 경혈을 자극해 효과를 볼 수 있다.

① 정기를 높이는 방법과 흥분을 억제시키는 방법

보법과 사법이다. 사법은 전문가가 행해야 하며 스스로 할 수 있는 약한 부분을 보강하고 강화시키는 보법을 행해야 한다.

② 시원한 자극은 매우 효과적이다.

모발 문제를 치료하기 위해 경혈 자극을 행할 때는 절대 너무 강렬한 자극을 가해서는 안 된다. 시원한 느낌이 드는 정도로 행해야 좋은 효과를 거둘 수 있다. 담경은 긴장, 스트레스, 자율신경과 밀접한 탈모증이나 흰머리 등의 질환은 신경관계가 있으며 원형탈모증에 효과적이다. 경혈에 모발 보법을 시행한다.

2 한의학과 원형탈모증

원형 탈모증은 사전에 특별한 자각증상(가려움, 염증) 없으나 탈모반 부위에 통증을 호소하는 경우가 종종 있다. 갑자기 동전크기의 타원형 또는 원형으로 빠지는 탈모증의 일종으로 모낭은 정상적으로 한의학에서는 '귀체두'라고 부르며 자신은 잘 알지 못한다. 심각한 경우 눈썹, 턱수염, 음모 등으로 확산된다. 90% 이상은 6~18개월 정도 지나면 자연치유되나 2년 이상 지속될 경우 적극적인 병원치료를 받아야 하며 5년 이상 지속될 경우 회복이 거의 불가능하므로 꾸준한 관리가 필요한 탈모이다.

일반적인 탈모의 모근부 형태인 곤봉형태와는 달리 불규칙적이고 감탄부호의 형태를 띠고 있어 '감탄부호 탈모증'이라고도 한다.

1) 원인

원형 탈모증의 발생원인에 대하여 유전설, 스트레스설, 자가면역 이상설 등 여러 가지가 있으나 정확한 원인은 밝혀지지 않았다.

① 유전적 요인

원형 탈모증 현상이 나타나는 사람의 50% 미만은 가족 중 원형탈모를 경험한 사람이 있으며 일란성 쌍둥이의 경우에도 원형 탈모가 동일하게 나타나는 경우가 종종 있어 일부의 원형탈모증에 유전적 영향이 있다고 보고 있다.

② 자가면역설

　최근 들어 가장 신빙성 있게 나타나는 원인으로 원형탈모증 증상이 있는 사람들에게서 주로 류마티스 관절염, 갑상선 질환, 악성 빈혈 등의 자가면역 이상에 따른 질환이 같이 나타나는 것을 볼 수 있다.

③ 스트레스설

　스트레스는 '자신의 욕구와 사회적 변화의 차이에서 나타나는 것'으로 과도한 스트레스는 교감신경을 자극하여 모세혈관의 수축과 그로 인한 혈액의 흐름을 저해하는 요인으로 작용한다. 탈모증 경험자 중 유발 전에 심각한 스트레스로 고민한 경험이 있다고 하며 청소년 및 유아의 원형 탈모도 이 같은 원인이 크게 좌우한다.

2) 원형 탈모증의 종류별 특징

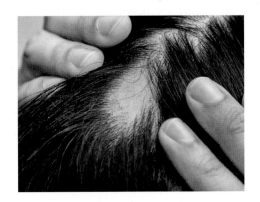 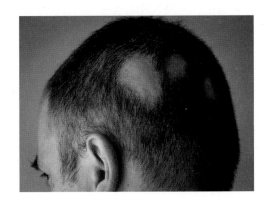

단발형 원형 탈모증 : 병소가 한 곳인 경우　　　　　　　다발형 원형 탈모증 : 병소가 여러 곳인 경우

3) 원형탈모증 변증

　원형탈모증 환자의 한의학적 치료는 크게 네 가지로 나눌 수 있다.

　첫째는 '내치법' 둘째는 '외치법'으로 직접 두피를 치료해 원활한 발모 환경을 만든다. 셋째는 '침구법'으로 침과 뜸을 사용해 혈액순환을 촉진시키고 기운을 고르게 한다. 넷째는 '생활관리'이다.

(1) 혈열생풍형

- 원인 : 청년기에 많이 보이며 최근에 업무로 인한 긴장이나 스트레스 성질이 조급하여 탈모가 발생한다. 정신적 자극으로 인해 심신이 동요되고 심화가 치밀어 혈열생풍(피가 뜨거워지고 탁해짐)하여 내풍(두피에 피가 공급되지 않음)으로 인해 탈모된다.
- 증상 : 탈모반에 갑자기 원형, 또는 타원형의 탈모가 생기고 한 개 혹은 몇 개씩 동시에 크기가 다르게 나타나며 주변의 모발을 빗으면 쉽게 빠진다. 두피는 광택이 있으며 자각증상은 없고 혓바닥은 붉으며 맥은 긴장되고 미끄럽다.

(2) 기혈양허형

- 원인 : 기혈이 약해져 모발에 영양이 공급되지 않아 탈모된다.
- 증상 : 두피가 반들거리면서 말랑말랑하고 탈모부위에 머리카락이 산발적으로 남아있는데 살짝 만지면 빠지기도 한다. 입술이 창백하고 가슴이 두근거리며 숨이 차고 목소리가 미약하며 머리가 어지럽고 자꾸 잠자려 하며 나른하여 기력이 없는 증상이 나타난다.

(3) 간신부족형

- 원인 : 노인, 중년인에게 나타나며 최근에는 하루종일 과도하게 일하는 정신노동자 중 젊은 사람에게도 흔히 나타난다. 모발에 영양을 충분하게 주지 못하여 생기며 피로로 인해서 정이 혈로 변화하지 못하고 혈이 모발에 영향을 공급하지 못하여 생긴다.
- 증상 : 모발이 많이 빠지고 체력이 약해지고 어지러우며 잠을 제대로 이루지 못한다. 허리나 무릎이 쑤시고 야간에 소변보기, 정력 저하가 나타난다.

(4) 기체혈어형

- 원인 : 어혈이 상초에 있으면 머리카락이 빠지고 다시 나지 않는다. 어혈이 없어지지 않고 새로운 피가 생성되지 않으므로 어혈이 모근을 막고 머리카락은 영양을 받지 못한다.
- 증상 : 두발이 빠지면 오랫동안 낫지 않는다. 발병 전에 두통, 편두통 등이 있고 특별한 자각증상은 없다.

③ 한의학과 지루성 탈모증

두피에 과다한 피지분비로 지루성 인설(비듬) 및 지루성 피부염과 함께 발생하는 탈모이다. 과다한 피지와 불청결한 두피는 피지분비를 막아 피지의 모근 내 역류를 유발하여 모낭과 모발의 결속력이 저하되어 윤활유 역할과 같은 기능을 하여 성장기에 있는 모발이 손쉽게 탈락하는 현상이다. 머리에는 피지선, 한선이 많고 다른 곳보다 기름기가 많아 미생물이 번식하기 쉽다. 미생물은 땀의 수분과 피지와 탈락한 각질(비듬)을 먹고 산다.

1) 원인

잘못된 샴푸법에 의한 두피 불청결과 그에 따른 모공 막힘 현상
- 과다한 스트레스로 인한 남성호르몬의 자극과 피지선의 비대
- 동물성 지방의 과다섭취 및 식생활 불균형
- 여성 질환에 따른 호르몬 분비 이상
- 잘못된 두피 마사지와 과다한 스타일링제의 사용
- 환경오염으로 인한 모공 막힘 현상과 피지분비 이상

2) 한의학과 지루성 탈모증 변증

(1) 습열상증형

- 원인 : 습열이 내부에 쌓여있는 상태에서 외부에서 풍사를 받으면 습열이 머리로 상승하여 모발이 빠진다. 포화지방산이 많은 고기의 기름기 부위나 유제품을 많이 먹거나 자극성 음식을 좋아해서 혈중 콜레스테롤이 높아져 성호르몬이나 피지분비량이 많아진 경우라 볼 수 있다.
- 증상 : 두피가 기름기가 끼어있고 가려우며 모발이 탈락된다. 두발이 축축하여 마치 기름을 발라 놓았거나 물에 흠씬 적은 것과 같고 심하면 몇 가닥의 머리카락이 서로 한데 엉겨 붙는다. 인설과 기름때가 귤빛을 띠면서 단단하게 들러붙어 씻어내기가 어렵다.

(2) 혈열풍조형

- 원인 : 혈액 내의 열기가 과다하여 두피로 혈액순환이 원활치가 못하여 모근이 건조해지고 말라서 생기는 경우이다.

- 증상 : 가렵고 두발이 누렇게 마르고 쉽게 탈락된다. 두발이 건조하고 약간 누런 색을 띠며 드문드 문 빠진다. 긁으면 인설이 날리고 떨어지면 또 발생하고 열이나고 두피가 건조하고 가렵다. 손으로 머리를 긁으면 수십개가 빠진다.

(3) 혈허풍조형

- 원인 : 혈의 기운이 부족해 건조하고 가려운 증상이다. 모발은 혈의 영양을 잃고 시일이 지나면 말라서 탈락한다.
- 증상 : 마르고 흰 비듬이 떨어지며 얼굴색이 좋지 않다. 어지럽고 두근거린다. 영양분의 부족으로 양질의 영양섭취와 꾸준한 운동이 병행되어야 한다.

(4) 간신부족형

- 원인 : 정신노동을 과도하게 하거나 밤낮으로 근심하는 중년인에게 많이 나타난다. 원기라고 부르는 간신기운이 모자라게 되어 정혈이 허약되어 혈의 부족으로 인하여 모발을 영양치 못해 발생한다.
- 증상 : 한방에서는 손톱과 머리카락은 모두 혈의 성분으로 보는데, 이들을 생성하는 피가 부족할 경우 모발이 가늘고 힘이 없으며 색도 윤택하지 못하고 손톱도 자주 갈라지고 부러질 수 있다.

3) 한방 탈모 관리 단계

① 1단계 : 청열해독, 통규활혈

두피의 열과 염증을 내리고 담음과 어혈을 제거하여 막힌 모공을 열어 기혈순환을 순조롭게 한다.

② 2단계 : 거풍조, 자음윤부

풍사와 조사를 제거하여 염증과 가려움증을 없애고 두피를 자음하여 근본 바탕을 만든다.

③ 3단계 : 양혈, 보간신

모발성장의 근본인 혈을 자양하고 간장과 신장의 기능을 보강하여 모근을 강화한다.

④ 4단계 : 육모양발

정과 혈은 모발의 근본이다. 본격적으로 모발이 자라날 수 있도록 정과 혈 즉, 영양물질을 공급하여 육모, 양발한다.

⑤ 5단계 : 발모

간장과 신장의 정혈을 바탕으로 본격적으로 정상모발의 성장을 촉진한다.

④ 한방추출물과 탈모

성분	효능	추출처
측백엽	혈열을 내려 코피, 토혈, 변혈, 소변출혈, 자궁출혈에 쓰고 해수, 천식, 가래, 탈모, 지루성피부염, 외상출혈 등에 사용한다. 약리작용으로 출혈시간 단축, 진해, 거담작용이 있고 혈압강하, 항균작용, 해수, 천식에 효과, 모공수축작용, 모세혈관기능촉진 성분 : 플라보노이드, 탄닌, 비타민C	측백나무의 가지와 잎
상엽	상엽은 발열, 두통, 안구충혈, 해수, 구갈, 피부 두드러기 등에 쓰인다. 항당뇨병작용, 부종완화, 여드름 진정, 혈액정화 성분 : 루틴, 아스파라긴산, 글루타민산, 아데닌, 과당, 포도당, 비타민B1, B2	뽕나무 잎사귀
죽엽	죽엽은 대나무의 푸른 잎을 말린 것으로 혈액을 맑게 하고 열을 식히는 작용을 한다.	대나무 잎
은행엽	화장품보다 의약품에서 먼저 그 효능과 효과가 입증된 성분이다. 은행잎 추출물은 민간 의학에서 혈액순환을 촉진하고 세포조직의 산소 공급을 촉진하는 혈관 확장제로 사용. 또한 강력한 항산화 효과가 있어 활성산소로부터 피부를 보호해주는 것으로 알려져 있다.	은행잎
감초	우랄 감초, 스페인 감초가 많이 쓰인다. 특유의 단맛이 있고 입맛을 좋게 하기 때문에 각종 처방에 첨가된다. 해독작용, 간염, 두드러기, 피부염, 습진 등에 효과, 자외선흡수, 모공수축, 항 프리라디칼작용, 항균작용, 세포재생, 진해·거담, 근육이완, 이뇨작용, 항염작용이 있으며 소화성 궤양을 억제 성분 : 사포닌, 플라보노이드, 콜로이드, 다당류, 유기산	콩과에 속하는 다년생 초본의 뿌리
지부자	지부자는 갑상선 기능항진과 아토피 증상에 약재로 쓰이기도 한다.	댑사리 씨
어성초	해열, 배농작용이 뛰어나 폐농양으로 인한 기침, 피고름을 토할 때, 폐렴, 급만성기관지염, 장염, 요로감염증, 종기에 쓰며, 열이 많고 소변을 못 볼 때 사용. 약리작용으로 항균작용, 면역증강작용, 항염증작용, 이뇨작용, 진해작용, 해독작용, 여드름완화 성분 : 플라보노이드, 정유 함유	삼백초과의 약모밀의 뿌리가 달린 전초
인삼	인삼은 원기를 보하고 신체허약, 권태, 피로, 식욕부진, 구토, 설사에 쓰이며 폐 기능을 도우며 진액을 생성하고 안신작용 및 신기능을 높여 준다. 단백질합성촉진, 항상성 유지, 항암, 해독작용, 피부의 대사 촉진, 혈행 촉진, 항 알레르기, 말소혈관 확장, 항 종양, 탈모 예방작용. 사포닌성분 등이 풍부하여 촉촉하고 부드러운 머릿결로 가꾸어 준다.	인삼 뿌리
구기자	폐기 허약으로 인한 오랜 해수에도 사용한다. 약리작용으로 비특이성 면역증강 작용, 조혈작용, 콜레스테롤강하작용, 항 지방간작용, 혈압강하, 혈당강하, 생장촉진, 항암작용 등이 보고되었다.	구기자나무 열매

성분	효능	추출처
흑두	콩은 흔히 밭에서 나는 쇠고기라고 부를 정도로 영양가가 뛰어나다. 검은콩은 일반 콩과 비교하여 영양소의 함량은 비슷하지만 노화방지 성분이 4배나 많고, 성인병 예방과 다이어트에 효과가 있다고 알려지면서 건강식품으로 각광을 받고 있다. 《본초강목》에는 검은콩의 효능에 대하여 "신장을 다스리고 부종을 없애며, 혈액순환을 활발하게 하며 모든 약의 독을 풀어준다"고 기록되어 있다. 또한 모발 성장에 필수 성분인 시스테인(Cysteine)이 함유되어 있어 탈모를 방지하는 데도 효과가 있다. 꾸준히 복용하면 신장과 방광의 기능을 원활하게 해준다.	검은 콩
흑지마	피부 점막의 회복을 촉진하고, 혈액의 콜레스테롤 수치를 줄이며, 장운동을 활발하게 한다.	참깨 종자
고초	고추는 찬 곳에 손가락이 노출되어 갈라졌을 때 짓 찧어 붙이며, 각기병, 개에 물린 상처에도 사용. 약리작용으로 위액분비촉진 및 혈압상승작용이 보고	가지과의 고추
오가피	오가피는 간과 신장의 기운을 보하여 힘줄과 뼈를 튼튼하게 하므로 사지마비, 구련, 허리와 무릎의 연약증상, 하지무력감, 골절상, 타박상, 부종 등에 쓰인다. 약리작용은 면역증강, 항산화, 항피로, 항고온, 항자극 작용, 내분비기능조절, 혈압조절, 항방사능, 해독작용이 보고 되었다.	오가피나무의 뿌리, 줄기 및 가지의 껍질
대마	대마줄기의 섬유는 삼베를 짜거나 로프·그물·모기장·천막 등의 원료로 쓰이고, 열매는 향신료의 원료로 쓰인다. 종자는 조미용이나 기름을 짜는 데 쓰인다. 한방에서는 열매를 화마인(火麻仁)이라는 약재로 쓰는데, 변비와 머리카락이 나지 않을 때 효과가 있다.	대마초 열매
곤포	곤포는 림프절염, 갑상선염, 간경화, 고환염을 비롯하여 종양치료에도 사용된다. 강장작용, 동맥경화 막이작용, 약한 설사작용, 가벼운 이뇨작용, 각기에도 유효하였다. 약리작용은 항종양작용, 면역기능 증가작용, 혈압강하작용, 혈당강하작용, 방사선물질 배설촉진작용, 피응고작용, 갑상선기능항진증 유효작용	다시마의 엽상체
동충하초	양기가 부족하여 생기는 허리와 무릎 동통, 하체연약, 유정, 몽정, 조루, 이명, 건망, 정신황홀, 헛기침, 해수, 만성병 후 식은 땀 흘릴 때, 찬 것을 꺼리는 증상에 쓰인다. 약리작용으로 중추신경진정, 체온강하, 면역기능항진, 항암, 심장혈류량 증가, 기관지확장, 항염증, 부신피질호르몬작용증가, 항피로, 항노쇠, 항미생물작용 등이 보고 되었다.	매각균과의 동충하초균과 박쥐나방과에 속하는 곤충의 유충에서 기생하여 자란 버섯의 자실체(字實體)와 유충의 몸체

5 한방추출물과 비듬

성분	효능	추출처
안진호	인진은 습열(濕熱)로 인한 황달 즉 급성간염으로 발연, 전신황색, 소변이 붉고 적은 증상 등에 사용. 간암, 담낭결석에도 사용. 습진, 옴, 버짐, 풍진 등의 피부질환과 돌림병으로 열이 몹시 나고 발광하는 증상에도 사용. 약리작용으로 담즙분비 촉진작용, 간기능보호작용, 간세포재생작용, 지질 분해작용, 관상동맥확장작용, 혈압강하작용, 해열, 이뇨작용, 항미생물작용, 실험성 복수암 세포 억제 효과	국화과의 사철쑥의 지상부를 말린 약재
형개	한방에서는 전초(全草)를 말려서 형개라고 하며, 감기로 열이 나고 두통이 생기거나 목이 아프거나, 종처(腫處)에서 피가 날 때 사용한다.	꿀풀과의 1년초
쑥	어린순은 떡에 넣어서 먹거나 된장국을 끓여 먹는다. 약재로 쓰는 것은 예로부터 5월 단오에 채취하여 말린 것이 가장 효과가 크다고 한다. 복통·토사(吐瀉)·지혈제로 쓰고, 냉(冷)으로 인한 생리불순이나 자궁출혈 등에 사용. 여름에 모깃불을 피워 모기를 쫓는 재료로도 사용. 한국·일본·중국 등지에 분포	쌍떡잎식물 초롱꽃목 국화과의 여러해살이풀
측백엽	혈열을 내려 코피, 토혈, 변혈, 소변출혈, 자궁출혈에 쓰고 해수, 천식, 가래, 탈모, 지루성 피부염, 외상출혈 등에 사용한다. 약리작용으로 출혈시간 단축, 진해, 거담작용이 있고 혈압강하, 항균작용, 해수, 천식에 효과, 모공수축작용, 모세혈관기능촉진 성분 : 플라보노이드, 탄닌, 비타민C	측백나무의 가지와 잎
익모초	자궁흥분작용, 혈전용해작용, 심장과 관상동맥혈류량 증가작용, 호흡흥분작용, 이뇨작용, 피부진균 억제 작용 등이 보고	꿀풀과의 익모초의 꽃이 피었을 때의 지상부를 말린 약재
박하	박하의 특성인 상쾌감, 긴장이완력, 청결함, 세척력, 혈액순환력. 구강청결제, 머리를 감는 샴푸, 수렴, 향균, 살균, 보습작용, 피부보호제 등, 진정, 수렴, 창산 치유 촉진, 항 알레르기, 활성산소 억제작용	박하의 잎, 줄기
천궁	효능 : 피를 맑게 하는 작용, 예민성 피부의 탄력강화와 미백, 보습, 진정작용, 모세혈관 탄력강화, 피부조직 재생 성분 : Cnidilide, Ligustilide, Neocnidilide, Sedanonic-acid	미나리과의 다년초이며 뿌리를 약용으로 사용
마치현	효능 : 항균작용, 해독작용, 여드름 피부에 좋다. 성분 : 칼륨, 인, 철, 당, 플라보노이드, 글루타민산, 비타민B1, B2, C, 카로틴	1년생 다육질 초본

성분	효능	추출처
회향	식욕을 돋우고 소화가 잘되게 하며 스트레스 해소와 숙면에도 효과가 있다. 이뇨작용도 있어 체중감량과 비만 방지를 위해 이용되기 때문에 다이어트 허브라고도 한다. 프로 비타민 A, B, C, 칼슘, 인, 단백질, 정이 등을 함유. 장염과 장 경련 완화, 소화촉진, 위 점막개선, 건성 및 지친 피부를 촉촉하게 함, 결합조직에 긴장감 부여, 칼슘과 인 부족이 원인이 된 피로회복. 탈모예방, 항균작용	산형화목 미나리과의 한해살이풀 또는 두해살이풀의 열매.
대추	과실은 생식할 뿐 아니라 채취한 후 푹 말려 건과(乾果)로서 과자·요리 및 약용으로 쓰인다. 대추는 생활 속에서 가공하여 대추 술, 대추차, 대추식초, 대추 죽 등으로도 활용한다. 가공품으로서의 꿀 대추는 중국·일본·유럽에서도 호평을 받고 있다. 한방에서는 이뇨·강장(强壯)·완화제(緩和劑)로 쓰인다.	대추나무 열매
백지	유행성 감기로 인한 두통, 코막힘, 콧물을 다스리는 진통약이며, 위장장애, 산전 산후 두통, 어지럼증, 치통, 안면신경통, 마비 등에 유효하다. 또한 월경 뒤 하혈이나, 대하, 대변에 피가 섞여 나올 때, 축농증으로 인한 두통, 창양, 종독, 피부궤양 등에도 효과. 약리작용으로 항균 작용, 동물의 연수 혈관 운동중추, 호흡중추, 미주신경 및 척수부의 흥분작용, 관상동맥 혈류량 증가작용, 흰 반점이 생기는 병, 은설병(銀屑病 : 만성 피부병으로, 홍반과 구진으로 인하여 피부 표면에 여러 층으로 된 백색 비늘가루가 생기는 병증)에 유효작용이 보고 되었다.	산형과의 구릿대 또는 그 변종의 뿌리를 말려 만든 약재
은행잎	화장품보다 의약품에서 먼저 그 효능과 효과가 입증된 성분이다. 은행잎 추출물은 민간 의학에서 혈액순환을 촉진하고 세포조직의 산소 공급을 촉진하는 혈관 확장제로 사용. 또한 강력한 항산화 효과가 있어 활성산소로부터 피부를 보호해 주는 것으로 알려져 있다. 혈행촉진, 보습, 피부 유연화, 육모작용이 있다.	은행잎
우엉뿌리	위장기능 강화, 이뇨작용촉진, 간기능 활성화, 담즙생성, 피부의 소독, 화상, 습진, 부스럼, 궤양, 농증, 구강염증 및 기관지염증에 효과, 두피모발 보호효과, 피부 청결제, 여드름 방지효과, 보습, 비듬, 탈모예방, 발한, 혈행 촉진작용	우엉의 뿌리
산조인	신경과민, 불면증, 건망증, 식은땀 등에 사용한다. 또한 비위를 튼튼하게 하고 빈혈에 효과가 있다. 약리작용은 진정, 최면, 혈압강하, 진통, 체온 강하작용, 항산화작용, 면역항진작용, 자궁흥분작용, 화상환부 부종억제 작용이 보고	갈매나무과의 묏대추의 씨로 만든 약재
창포	민간에서는 단옷날 창포를 넣어 끓인 물로 머리를 감고 목욕을 하는 풍습이 있다. 한방에서는 건위·진경·거담 등에 효능이 있어 약재로 이용 하며, 뿌리를 소화불량·설사·기관지염 등에 사용한다. 또한 뿌리줄기는 방향성 건위제로 사용한다. 한국·일본·중국에 분포한다. 잎이 보다 좁고 길이가 짧으며 뿌리가 가는 것을 석창포(A. gramineus)라고 하며, 산골짜기에서 분포한다.	외떡잎식물 천남성목 천남성과의 여러해살이풀

성분	효능	추출처
쌀겨	쌀에 함유된 영양분의 95%는 쌀겨와 쌀눈, 즉 미강이 보유하고 있는 것. 미강은 미용 효과에서도 다른 미용재료와 비교할 수 없을 만큼 월등한 효능을 보인다. 미강에 들어있는 철분, 칼슘, 마그네슘, 나트륨, 비타민E 등은 인체의 항상성을 유지해주고, 토코페롤은 노화방지 및 주름살 제거와 기미, 주근깨, 여드름, 아토피 등에 탁월한 효과가 있는 것으로 입증되었다. 쌀겨의 표준 화학조성을 보면 수분 13.5%, 단백질 13.2%, 지방 18.3%, 당질 38.3%, 섬유 7.8%, 회분(灰分) 8.9%이고 비타민B1은 100g 중 2.5mg이나 들어 있으며 비타민 E도 많다. 보습, 에몰리언트 작용이 있다. Lipoprotein, Vit, B1, B12, E	현미(玄米)를 도정(搗精)하여 정백미(精白米)를 만들 때 생기는 과피(果皮)·종피(種皮)·호물층(糊物層) 등의 분쇄혼합물
신선초	쌍떡잎식물 산형화목 미나리과의 여러해살이풀. 뿌리줄기와 뿌리가 굵다. 줄기는 약 1m까지 자라며 위에서 가지가 갈라진다. 뿌리잎은 줄기 밑둥에서 모여 나며 잎자루가 굵다. 어린 생엽을 샐러드처럼 이용하거나 조려서 반찬으로 한다.	쌍떡잎식물 산형화목 미나리과의 여러해살이풀
상백피	폐열로 인한 해수, 천식을 치료하며 이뇨작용이 있다. 급성신우염, 허약성 부종에 쓰이고 혈압강하 작용이 있으며 코피와 각혈에도 사용한다. 또한 유행성 간염 등에도 쓰인다. 진해, 이뇨, 혈압강하, 진정, 진통, 해열, 진경, 항균작용 등이 보고 되었다.	뽕나무과의 뽕나무 또는 동속 식물의 뿌리 껍질로 만든 약재

SCALP HAIR CARE

SCALP
HAIR
CARE

제7장

두피와 아로마

1 아로마테라피(향기치료)

Aroma는 향기, Therapy는 치료법이란 의미로 인체 기능에 유익한 각종 식물의 뿌리나 줄기, 꽃잎, 열매 등에서 추출한 휘발성 향유인 에센셜 오일을 흡입하거나 목욕, 마사지 등을 이용하여 건강에 유용한 여러 가지 효과를 얻을 수 있는 대체 의학적 요법을 말한다.

1) 아로마 사용 영역

(1) 질병치료용(정신과, 산부인과, 내과, 한방과, 재활의학과, 소아과)

(2) 화장품(비누, 스킨, 로션, 크림, 에센스, 향수, 샴푸, 바디크림, 립밤)

(3) 대체의학(입욕, 흡입, 마사지, 허브차)

2) 아로마 요법의 종류

(1) 코를 통한 흡수법

　- 램프확산법, 수증기 흡입법, 향목걸이

(2) 피부를 통한 흡수법

　- 입욕법 : 족욕, 반신욕, 전신욕

　　가볍게 샤워 한다 → 38℃ ~ 42℃ 온도의 물을 욕조에 준비 한다 → 증상에 맞는 아로마 에센셜오일 4 ~ 5 방울을 떨어트려서 잘 저어준다 → 용도에 따라 발이나 반신 또는 전신을 20분 ~ 30분 정도 물에 담근다. → 입욕이 끝난 이후에는 찬물을 피한다.

(3) 마사지법

　　발마사지, 얼굴마사지, 전신마사지, 두피마사지

3) 아로마 오일의 체내 작용기전

① 호흡기를 통한 오일의 흡수 및 작용

아로마 오일 – 흡입 – 폐 – 혈액순환 – 전신효과

② 피부를 통한 아로마 오일의 흡수 및 작용

아로마 오일 – 피부도포 – 혈액순환 국소효과 – 전신효과

③ 중추신경계를 통해 내분비계에 이르는 아로마 오일의 흡수 및 작용

아로마 오일 – 흡입 – 코 – 후각신경 – 뇌 – 신경전달물질, 자율신경계, 내분비계, 면역계

4) 아로마 오일의 추출법

① 증류법(에센셜 오일)

허브의 재료를 건조시킨 후 수증기를 불어넣어 오일을 추출하는 방법이다.

② 냉각압착법(캐리어 오일)

레몬, 오렌지, 버가못 등과 같은 감귤류의 껍질에 함유되어 있는 아로마 오일의 채취를 목적으로 한다.

③ 용매추출법

에테르 용매를 이용하여 아로마 성분을 추출 후 농축하여 왁스형태로 만든 후 다시 낮은 온도에서 유기용매 등을 가하여 왁스를 제거하고 알코올에 녹는 물질만 다시 추출한다. 로즈와 같이 열에 약하거나 수용성 성질을 가진 허브의 오일추출에 사용되며 솔벤트법이라고도 한다.

5) 케리어 오일

에센셜 오일과 함께 희석해서 사용하는 식물성 오일인 캐리어 오일은 주로 냉각압축법으로 추출하며 증발성이 없는 식용유처럼 끈적끈적한 성분이다. 그래서 캐리어 오일 성분만으로도 다양한 치료효과를 나타내기도 하고 에센셜 오일과 같이 사용했을 때는 피부에 흡수시키는 유도체 역할도 한다. 관리의 목적으로 식물성 오일에 허브를 담그거나 열을 가하거나 햇빛에 몇 주간 우려내어 용해시킨 캐리어 오일을 인퓨즈 오일이라고 한다.

예) 호호바, 아몬드유, 해바라기유 등

6) 아로마오일 주의사항

(1) 열과 빛으로부터 멀리하고 용기는 꼭 차광이 될 수 있는 갈색병이나, 청색병에 보관한다.

(2) 에센셜 오일은 피부에 직접 적용하지 않으며 절대 내복용으로 사용해서는 안 된다.

(3) 사용용량 이상을 초과하지 않는다.

(4) 어린이나 민감한 피부의 사람에게는 단 1% 이하의 희석을 한다.

(5) 임신기간에 금기시 해야 할 에센셜 오일은 반드시 지킨다.
   - 바질, 클라리세이지, 히솝, 마죠람, 넛트멕, 페니로얄, 로즈마리, 세이지, 시트레넬라, 미르, 타임, 펜넬, 페퍼민트, 로즈

(6) 고혈압 환자에게 금기시 되는 오일
   - 히솝, 로즈마리, 타임, 세이지

(7) 자외선에 노출되면 피부가 쉽게 탈 수 있는 오일
   - 베르가못, 라임, 오렌지, 만다린 등 감귤류

(8) 피부자극을 유발시킬 수 있는 오일
   - 애니씨드, 바질, 레몬, 시나몬, 블랙페퍼, 클로브버드, 유칼립투스, 진저, 레몬그라스, 레드타임

7) 아로마 오일 이용 헤어제품 만들기

   - 샴푸베이스에 다음과 같이 헤어 타입에 맞게 에센셜 오일(100㎖ 삼푸베이스에 에센셜 오일 10~20방울)을 브랜딩 한다.

(1) 모든 타입 모발

라벤더, 로즈마리, 제라늄

(2) 건성 손상된 모발

프랑킨센스, 저먼캐모마일, 로즈우드, 샌달우드

(3) 지성모발

베르가못, 시더우드, 사이프러스, 제라늄, 그레이프푸룻, 주니퍼, 레몬, 라임, 파츌리

(4) 유아모발

저먼캐모마일, 라벤더, 만다린, 오렌지

(5) 비듬모발

시더우드, 유칼립투스, 라벤더, 로즈마리, 티트리, 샌달우드

(6) 감염된 두피

라벤더, 티트리, 저먼캐모마일

(7) 탈모

로즈마리, 진저, 페퍼민트, 시더우드, 일랑일랑

2 아로마 오일의 종류와 특징 및 적용

종류	특징	적용
캐모마일 (Chamomil)	수렴, 소염, 살균, 소독작용, 모세혈관이 파괴된 피부와 건조하고 가려움이 있는 피부를 정상화시킨다. 가벼운 탈취효과, 신경계의 여러 질환에 사용	신경성 소화불량, 자연, 두통, 불면증, 진정, 신경계 질환, 불면증, 이상 과민증 신경질, 습진, 헤르페스, 좌상, 스트레스성 피부질환에 효과
클라라세이지 (Clary sage)	피부의 건강과 재생을 촉진시켜 탄력있는 피부를 유지. 잎과 꽃에서 추출하며, 향기는 상중향이다. 기침, 목감기, 천식, 편두통, 소화 장애, 생리장애, 갱년기장애, 근육경직, 피부세포의 재생효과, 지성·건성 사용, 모발성장 촉진, 신경계 안정작용, 최음 효과, 불면증, 어린이 정서 안정, 임신, 저혈압, 운동중 사용금지, 알코올 사용금지, 외국인들이 특히 좋아 하는 아로마 오일, 좌욕 시 사용하면 자궁강화에 효과적, 성욕 강화.	비듬, 건성, 지성모발, 두피마사지로 탈모방지, 발모촉진, 심신피로로 인한 소화력 감퇴, 간장질환, 비뇨기와 월경불순, 궤양을 해소, 신경안정, 소염, 목 기관지 질병에 효과. 염증, 지성두피, 비듬모발
사이프러스 (Cypress)	고대문명에서 사이프러스는 의술에서 중요하게 사용된 약초. 이 허브는 현재까지 티베트에서 예배의식에 사용. 잎에서 추출하며 향기는 중하향이다. 저혈압, 지방분해 효과, 혈관수축작용 으로 정맥류, 치질에 효과, 땀 분비 감소, 수렴작용이 뛰어나고, 땀나기 쉬운 지성피부나 부종, 수분과도 상실완화, 수다스러움, 성급함, 노여움을 완화, 시더우드와 혼합하여 사용하면 좋다. 모든 조직을 조여 주고, 탄력을 준다, 좌욕 시 사용하면 자궁강화에 효과	수렴작용, 순환기 활동촉진, 지성피부, 지성모발, 여드름, 비듬, 약해진 세포 활동강화, 순환기 활동 활성화, 노폐물 체외방출, 비만치료에 효과, 집중력 강화, 림프자극, 정화작용. 지성두피
유칼립튜스 (Eucalyptus)	항 박테리아, 항 바이러스 그리고 항 진균효능이 있어 이들 세균을 매개로 오는 질병예방, 수렴, 소염, 살균, 소독작용, 적혈구의 산소운반을 도와 피부호흡을 증가시킨다. 겨울철 목욕과 마사지에 좋다. 피부에 청량감을 부여하며 근육통에 치유 효과가 있다.	과다한 피지분비로 발생되는 여드름, 피부손상 제거, 좌욕으로 방광염 및 비뇨기 질병, 피부상처와 헤르페스, 종기에 효과. 지성두피
프랑킨센스 (Frankinsince)	인도, 중국, 중동, 카톨릭 교회서도 오래 전부터 사용. 고대 이집트에서는 얼굴의 생생한 윤기를 위한 화장과 향수로 동서를 막론하고 의학적인 목적으로 폭넓게 사용	소염, 수렴작용강화, 신경계진정, 정신력 강화, 근심긴장해소, 마사지, 아로마 목욕에 사용 피부탄력유지. 지성두피

종류	특징	적용
로즈마리 (Rosemarry)	전통적으로 모발과 두피질환치료에 중요한 치료제로 사용. 항 독성효능은 라벤더와 주니퍼를 블랜딩하여 사용하면 림프계활동을 촉진시킨다. 꽃 윗부분에서 추출했으며, 향기는 중향이다. 중추신경계자극효과, 퇴행성질환 효과, 심장강장, 저혈압, 근육통, 체액정체 완화, 피부 수렴작용, 주름완화, 모발과 두피 강장, 셀룰라이트, 정신피로 회복, 집중력 강화, 고혈압, 임신, 간질 사용금지	호흡기, 순환기, 심신피로, 긴장, 충혈, 소화, 신경통, 근육통, 류마티즘, 피부, 모발손상 치료에 사용, 기억력 증진, 두통을 없애준다, 혈행촉진, 진통작용. 머리결을 풍부하고 건강하게 해준다. 지성두피(수렴작용)
제라늄 (Geranium)	호르몬의 밸런스를 맞추어주며 면역기능을 촉진시켜 대장이상증상을 회복시켜 주는 역할. 모든 유형의 피부를 건강하게 촉진시켜주며 피부 빛이 윤기 있고 유년기와 같은 피부 상태를 나타냄, 피부염 치유효과, 수렴, 진통효과, 지성피부에 정화작용을 하여 깨끗한 상태로 만들어 준다. 베이거나 상처로 인한 출혈을 멈추게 한다. 꽃과 잎에서 추출하며, 향기는 중향이다. 호르몬의 분비를 정상화, 노폐물 배출, 독소 제거, 체액정체 해소, 화상, 상처 치유, 피지분비 정상화로 지성, 건성 피부에 유효, 림프배농촉진, 진정, 흥분, 분노, 부정적 기분 완화, 임신 초기 사용금지, 호르몬 관련 있는 사람은 사용금지, 탈모성, 비듬두피	제라늄은 많은 효능 함유로 설사병, 치질, 염증, 월경과 과다 출혈로 빈혈이 발생되는 현상과 향을 흡입으로 걱정, 근심 해소, 건성, 화농치료. 건성피부에 치료사용
파출리 (Patchouli)	수렴 작용을 촉진 강화, 피부의 노화 현상 저지, 주름진 피부 회복, 로즈와 브랜딩하여 사용하면 효과가 더욱 좋음	피부 세포 재생, 피부 건강 회복, 피부염 진정, 일광 화상, 거칠고, 마르고, 튼 피부 보호 치료. 건성두피
타임 (Thyme)	인류 초기부터 사용해 왔던 약초로서 서양 약학 처방에서는 호흡기 질환, 소화불량, 감염증 예방치료에 사용	여드름, 종기, 염증 등 피부 감염증 치료에 효능이 있으며, 머리나 몸에 있는 이나 옴을 박멸하는 데 사용. 지성두피
베르가못 (Bergamot)	광독성이 있으며 다량 사용하면 민감한 피부에 자극을 준다. 과일과 껍질에서 추출하며 향기는 상향이다. 비뇨기감염증, 식욕조절, 소화, 호흡기 장애, 여드름, 지성피부의 소독, 두피의 피지조절, 우울증, 긴장, 불안 해소, 진정과 고양 등의 효과가 있으며 바른 후 바로 햇빛에 나가면 피부가 변색될 우려가 있으니 바른 후 3시간 이후에 햇빛에 노출되어야 한다.	강한 방부효능은 비뇨기 질병, 여드름과 피부질환치료에도 효과. 지성두피

종류	특징	적용
페퍼민트 (Pepermint)	동서고금을 막론하고 의학용으로 다양하게 사용되어 왔고, 순환기를 촉진시켜 건성피부에 활기를 찾는 데 도움을 주어 부드럽고 고운 피부를 유지시켜주고, 지성피부, 모발을 정상으로 유지. 최근 영국의 약초 약전에는 장질환, 고창, 감기, 입덧, 치질치료에 효능이 있다고 기록되어 있다. 지성모발을 정상모발로 회복시켜 준다. 잎에서 추출하며, 소화 장애, 호흡기 곤란, 두통, 편두통, 발의 통증 완화, 독소의 울체 억제, 백선, 소양증(가려움증)에 효과, 신경자극제, 기분 상승, 쇼크 치료, 임신, 간질에 사용금지, 지성, 비듬성 두피	시원하고, 신선하며 따뜻하고 촉진효능이 있어 신경 맑게, 정신력 강화, 일광화상, 피부염, 가려움증 해소, 박테리아 살균력, 지성제거, 여드름 피부 상처 치료, 소화불량, 멀미, 목통증, 설사, 두통, 치통, 경련에 효과
레몬 (Lemon)	비타민 A, B, C를 풍부하게 함유. 스페인과 유럽 국가들은 레몬을 "모든 치료"에 사용하는 과실로 인식하고 있으며, 죽은 피부를 벗겨내어 피부 빛을 윤택하게 해준다. 과일 껍질에서 추출하며, 향기는 상향이다. 유행성 감기, 빈혈증 완화, 몸의 산화 낮추고 체액분비 도움, 두통 완화, 피부각질제거, 혈액 개선효과, 지성 피부, 티눈, 사마귀, 손톱 강화, 자신감 부여, 집중력, 정서 환기, 민감성 피부 자극	청정, 세척강화, 방부, 수렴, 심한 지성피부, 피부질환(여드름, 궤양 그리고 발진) 치료에 사용. 항 박테리아 효능은 병원균, 부패를 막아줌. 비듬두피
레몬그라스 (Lemongrass)	인도 전통요법에서는 전염병, 열병치료에 사용. 오늘날 연구를 통하여 레몬그라스가 신경계를 진정시키는 효과가 있음이 밝혀졌다. 또한 살충제와 음식의 향료로도 사용	청정 방부효능은 레몬과 같으나 좀 더 따뜻함. 로즈마리와 브랜딩하여 운동전후 근육을 마사지하면 근육통이나 근육피로 회복
네롤리 (Neroli)	말린 꽃을 달아서 순환촉진효능을 이해하여 혈액을 맑게 하거나 신경계 질환의 치료와 물에 희석하여 오렌지 화장수를 만들어 미용과 실내분위기를 위하여 사용. 노화, 민감성 두피	순한 독성과 젊어지게 하는 효능은 건성피부, 튼 피부, 주름살, 손상된 모세혈관 회복효과와 임신 중 나타나는 임신선 없애는 데 이용
미르 (Myrrh)	고대 이집트인들은 미르를 꿀에 섞어 포진을 치료하는 데 사용됨. 또한 미이라를 만드는 데 가장 중요한 방부제로서 사용되었으며 구약 성경에는 미르(몰약)을 사용하여 목욕을 했다는 기록이 있음	방부촉진, 화농상태를 치료하고 병원균을 멸균하여 피부 세포의 건강을 촉진. 지루성 피부염, 지성두피
오렌지 (Orange)	중국에서는 오렌지 껍질을 말려 설사, 항문질환, 자궁출혈을 치료에 사용. 특히 어린이 소화불량에 오렌지 껍질을 많이 사용. 셀룰라이트치료에 효과가 있어 치료된 피부를 "오렌지껍질피부"라고도 함	스트레스, 신경긴장, 두통, 건성, 지성피부를 정상피부로 회복시켜주며 콜라겐 생산을 촉진시켜 유년기와 같은 피부상태를 회복. 순환기를 촉진시켜 피부표면과 거친 피부를 부드럽게 함. 건성두피

종류	특징	적용
펜넬 (Fennel)	모든 피부타입 노화로 인한 퇴화 현상 막아 건강하게 함	육염, 지성, 거친 피부, 멀미, 셀룰라이트, 비만에 주로 효과. 지성두피
소나무 (Pine)	건성 피부나 여드름, 무뎌진 피부에 있는 유해물질을 제거함	피부 재생, 상처 난 피부, 피로한 피부, 주름진 피부를 치료하는 데 효능. 건성두피
세이지(Sage)	수렴 작용 촉진, 강화	지성피부, 모발 비듬치료 효과. 지성두피
그레이프 후르트 (Grapefruit)	비타민C 함유가 높고 세균으로 오는 질병을 예방, 모발 성장을 촉진하고 피부세포를 건강하게 함	피부에 세척, 방부, 시원함과 순한 수렴 효능이 있어 지성피부, 넓어진 모공, 여드름 치료에 효과. 시원하고 순한 수렴 효능. 지성두피
주니퍼 (Juniper)	화상, 피부 궤양 그리고 피부 상처를 빨리 회복시켜 줌. 열매에서 추출하며 향기는 중향이다. 노간주나무 열매를 가리키며, 탁월한 독소제거 효과, 이뇨작용으로 체액정체 해소, 비뇨생식기 장애, 여드름, 지성 피부, 비듬제거, 다른 사람과의 접촉으로 축적된 독소로 가득한 마음과 영혼 정화, 임신초기 사용금지, 신장병환자 주의	모든 피부염증, 소염, 순환기 촉진시켜 죽은 세포 제거, 스트레스 해소 효과. 지성두피
티 트리 (Tea tree)	촉진력과 강장 효능이 있으며 살균력이 매우 강함. 여드름 치료에 폭넓게 활용함. 감염을 일으킨 여드름, 뾰루지 등을 소독 감소시켜주며 비듬 치유	순한 진통의 병(티눈, 굳은살, 기관지염, 상처, 화상, 종기, 사마귀, 뾰루지 등)치료, 지성비듬. 염증두피
로즈우드 (Rosewood)	환부가 확장되거나 부어오르는 염증과 지속적인 통증을 치료하는데 사용하며 피부의 수분을 조절해 주고 주름살을 펴주는 역할	피부 재생 효과적인 치료, 강한 소염, 피부염증, 가려움증, 건성, 화농성 피부질환, 민감한 피부, 손상된 피부 등 모든 피부 질환에 치료효과가 매우 뛰어남. 건성두피, 예민두피
스위트마조람 (Sweet marjoram)	그리스에서 이 향을 화장용품을 만들거나 의술을 행하는 데 사용되어 쓰며, 스트레스로 오는 두통과 편두통 치료에 효과	통증, 감기두통효과, 근육통, 염좌, 좌상, 류마티즘, 고혈압, 스트레스, 불면증, 두통, 편두통, 근육통, 류마티즘에 효과. 건성두피

종류	특징	적용
자스민 (Jasmine)	뿌리를 사용하여 두통, 불면증, 통증, 관절의 삠과 류마티즘 치료에 사용. 분만을 쉽게 하며 기침을 다스리고, 고르지 못한 심장 운동을 회복, 치료의 효과를 높여주는 성분을 함유.	정신적인 피로회복, 자신감, 항우울증, 건성피부, 노화된 피부, 호르몬의 밸런스를 통하여 피부의 상태를 조절시켜주며 어떤 유형의 피부 보호에 효과. 건성두피
라벤더 (Lavender)	신경성 긴장을 치료. 진정, 불면증, 피로회복, 피지분비균형 유지. 건성 모발을 부드럽고 윤기있는 머리결로 가꾸어 준다. 방부, 진통효과로 화상, 상처치유, 감기, 두통 완화, 근육통 완화, 생리장애, 피부재생, 피지분비 밸런스 유지, 여드름, 지성, 튼살, 피부감염, 진정과 이완효과로 히스테리, 불면, 불안증에 작용, 임신 초기 사용금지	순한 진통, 두통, 편두통, 신경통, 근육통, 류마티즘, 대상포진, 좌골신경통, 피부질환, 좌상, 궤양, 통증치료, 피부염, 습진, 여드름, 주사, 건선, 흉터치료, 종기치료 시 레몬과 섞어서 사용. 지성, 탈모두피
일랑 일랑 (Ylang ylang)	남태평양 모루카섬에서 일랑일랑과 쿠쿠마 꽃을 가지고 화장품과 모발보호제로 사용하고 있으며 피지분비 밸런스를 조절하므로 건성과 지성피부에 모두 사용한다. 즉 지성피부에는 기름기를 없애주고 건성피부에는 촉촉한 보습효과를 준다. 피부정화작용 우수. 꽃에서 추출하며, 향기는 중하향이다. 고혈압 조절, 자궁강장, 유방탄력 강화, 최음 효과, 피지조절로 지성과 건성피부에 효과, 두피 자극, 공포와 공황상태에 안정, 우울증, 예민한 피부, 저혈압 시 주의	과로로 인한 두통, 멀미치료, 일랑 일랑 두 방울 정도 섞어 마사지로 치료. 피지분비의 밸런스유지, 지성 건성피부로 인한 피부 질환, 여드름치료 효능. 모든 타입의 피부에 좋으며 특히 지성 피부치료에 좋다. 피지를 생산하거나 혹은 과다하게 많거나 적은 피지를 조절해 주는 역할을 한다. 건성두피
바질 (Basil)	인도에서 이를 '툴시'라 하며 기관지염, 기침, 감기, 천식, 인플루엔자, 기종에 사용. 해충과 뱀에 물렸을 때 해독제와 서양에서는 "시원한" 허브로 인식, 류마티스 통증, 피부 자극 등의 치료제로 사용. 탈모성 두피	신경성이 원인인 모든 질병, 질병으로는 신경 피로, 신경질, 근심, 우울증, 긴장으로 오는 두통과 신경성 불면증, 이완과 상승, 치료효과.
시더우드 (Cederwood)	월경불순, 류마티즘, 관절염, 전염병 예방, 벌레에 물리거나 해충(모기, 나방 등) 퇴치에 사용. 나무에서 추출하며 향기는 하향이다. 카타르, 만성기관지염, 비뇨생식기질환, 체지방 분해, 지성피부의 수렴살균, 두피강장, 신경질, 긴장완화, 명상 시 유효하나 임신 중의 사용이나 장기간의 사용은 금한다.	방부, 수렴, 지성 피부, 모발, 여드름, 비듬 치료 효과. 두피를 자극시켜 모발 건강과 탈모 예방. 지성, 비듬, 염증두피
샌달우드 (Sandalwood)	약 4000여 년 전부터 사용하여 온 오래된 향유. 이 정유는 화장용수, 방부제 등으로 동양에서는 널리 사용했다. 중국의 한의학에서는 위통이나 구토, 콜레라 예방, 피부질환 치료에 사용했으며, 피부를 치료하고 보호	뇌를 진정, 모든 피부염(습진, 마른버짐 등)으로 오는 가려움증이나 염증, 탈수되거나, 염증, 건성피부 등을 정상적인 피부로 회복하며 박테리아를 살균시켜 여드름, 피부 흠집을 건강한 피부로 회복. 건성두피, 지성두피

캐리어오일의 종류와 특징 및 적용

종류	특징	적용
헤이즐넛 (Hazelnut)	비타민이 풍부하며 혈액 순환 촉진, 수렴효과, 개암열매에서 추출	모공수축, 지성두피, 지성비듬
그레이프시드 (Grape seed)	포도 씨 추출물, 유분이 가장 적다.	지성두피
당근씨 (Carrot seed)	베타 카로틴, 비타민, 미네랄이 함유	지성두피
해바라기 (Sunflower)	피부에 쉽게 흡수	지성두피
칼렌둘라 (Calendula)	금잔화 추출물이며 항염, 항 알레르기에 효과	예민, 민감성
윗점 (Wheatgerm)	천연 방부 역할을 하며 유분감이 풍부. 비타민E(항산화제) 함량 높음, 건성, 손상피부, 임신선, 흉터, 다른 캐리어 오일에 10% 정도 섞어서 사용, 피부 탄력 촉진 및 세포 재생, 노화 피부	건성두피, 예민성두피, 발진성
스윗트아몬드 (Sweet almond)	유분감이 있고 영양흡수, 비타민 D가 많다.	건성두피
올리브(Olive)	미네랄, 단백질, 비타민 등이 함유되어 있어 피부의 윤활과 치료를 북돋는 효과	부서지는 모발치료, 건성두피
세사미 (깨,Sesame)	걸쭉하고 짙은 냄새를 가지고 있고 모든 피부에 좋다.	건성두피
호호바(Jojoba)	보습과 유연효과가 피지성분과 유사하여 흡수력이 탁월. 식물성왁스, 미네랄, 단백질 함유로 화장품에 많이 사용. 액체 왁스로 피부의 피지와 거의 유사, 모든 피부에 유효(지성), 여드름, 두피, 얼굴에 많이 사용	건성비듬
코코넛(Coconut)	단백질과 식물성 왁스성분이 함유되어 있어 모발에 많이 쓰임	모발영양
아보카도 (Avocado)	수분, 유분이 많으며 침투력이 우수하고 지방노폐물 분해 효과	목에 셀룰라이트 있는 사람 지성두피
이브닝 프라임로즈 (Evening primerose)	비타민과 미네랄이 풍부, 피부재생 및 피부진정 효과, 세포성장을 촉진시키며 세포를 건강하게 유지. GLA 수치 저하(콜레스테롤 수치 저하), 심장질환, 불안정(차고 어두운 곳에 보관), 호르몬 분비 조절, 습진, 염증, 생리통, 피부 노화 방지	건성두피, 탈모예방

SCALP HAIR CARE

SCALP
HAIR
CARE

제8장

두피 모발관리제품 성분

- 가수분해 및 단백질(Hydrolyzed Wheat Protein) : 모발에 습도 조절과 모발 회복의 중요한 역할을 하는 성분이다. 모발에 윤기를 주며, 손상된 모발의 끝을 부드럽게 도와준다. 드라이어의 열에 의한 모발의 손상을 막아 준다.

- 아보카도 추출물(Avocado Extract) : 열대지대에서 재배되고 있는 아보카도 열매에서 추출한 추출물. 일반적으로 모발과 두피가 건조해지지 않도록 도와주는 것으로 알려져 있다.

- 데실 폴리글루코스(Decyl Polyglucose) : 계면활성제로서 모발과 두피의 더러움을 깨끗하게 씻어준다. 옥수수(Corn)나 코코넛(Coconut)에서 추출하는 성분이다.

- 아니카 추출물(Arnica Extract) : 아니카 꽃에서 추출한 추출물로서 두피에 활력을 주는 것으로 알려져 있다.

- 알로에 베라 젤(Aloe Vera Gel) : 알로에 베라에서 추출한 추출물로서 우수한 보습효과를 가지고 있다. 완화효과를 유지하기 위하여 냉각처리 된다.

- 쐐기풀 추출물(Nettle Extract) : 쐐기풀의 잎과 줄기에서 추출하는 천연 아스트린젠트이다. 두피를 활력 있게 하는 효과가 있으며, 민감한 피부에 좋다.

- 멘톨(Menthol) : 페퍼민트 오일(Peppermint Oil)의 주요 성분으로 피부에 대해 청량감과 완화 효과를 가지고 있다.

- 갈조 추출물(Algae Extract) : 갈조류에 속하는 해조에서 얻은 추출물로서 모발에 볼륨감을 주고 정전기를 감소시키는 작용을 한다. 피부에 보습 및 컨디셔닝 효과를 가지고 있다.

- 옥틸아크릴아미드/아크릴레이트/부틸아미노에틸 메트아크릴레이트 공중합체(Octylacrylamide/Acrylates/Butylaminoethyl Methacrylate Copolymer) : 헤어 스프레이, 무스 등의 두발용 화장품에 사용되고 있다.

- 가수분해 콜라겐(Hydrolyzed Collagen) : 유화제이며 보습제이다.

- 캐모마일 추출물(Chamomile Extract) : 피부 완화 효과와 유화 효과를 준다.

- 컴프리 잎 추출물(Comfrey Leaf Extract) : 컴프리 잎에서 추출한 추출물로서 모발과 두피를 진정시키는 효과가 있다.

- 인동덩굴 추출물(Honeysuckle Extract) : 모발을 부드럽게 해주는 컨디셔너이다.

- 토코페릴 아세테이트(Tocopheryl Acetate, Vitamin EAcetate) : 화장품에서 보습제, 컨디셔너제로 작용한다.

- 세이지 추출물(Sage Extract) : 민트(Mint)과에 속하는 것으로 진정효과가 있다.

– 월견초 오일(Evening Primrose Oil) : 달맞이꽃에서 추출한 것으로 에몰리엔트이며, 헤어 컨디셔너이다.

– 판테놀(Panthenol) : 프로 비타민 B, 피부와 모발에 컨디셔닝 효과를 준다.

– 카렌듀라 추출물(Calendula Extract) : 마리골드 꽃에서 추출한 것으로 두피를 진정시키는 효과가 있으며, 모발에 윤기를 준다.

– 트라가칸스 검(Tragacanth Gum) : 피부 속에 많이 함유되어 있는 천연 보습인자(NMF)로 피부와 모발에 필수 수분을 주고 보습제로 사용되고 있다.

– 페퍼민트 오일(Peppermint Oil) : 민트(Mint)에서 추출한 것으로 상큼한 향기를 가지고 있으며, 청량감을 준다.

– 위치하젤 추출물(Witch Hazel Extract) : 수렴작용으로 피부에 신선감을 준다.

– 옥틸 메톡시신나메이트(Octyl Methoxycinnamate) : 자외선을 흡수하는 작용을 한다.

– 히알루론산(Hyaluronic Acid) : 피부를 매끄럽게 정리해주는 보습성분으로 적절한 수분상태를 유지할 수 있도록 도와준다.

– 벤조페논-4(Benzophenone-4) : 자외선 차단제로 작용한다.

– 해바라기씨 오일(Sunflower Seed Oil) : 해바라기씨에서 추출한 것으로 보습제와 컨디셔너로 작용한다.

– 호호바 오일(Jojoba Oil) : 미국 남서부나 멕시코 북부에 자생하는 식물 호호바에서 채취한 저자극성 오일로 모발 보습제이며, 컨디셔너이다.

– 마로니에 추출물(Horse Chestnut Extract) : 아스트리젠트로 사용한다.

– 글레이셜 머린 머드(Glacial Marine Mud) : 캐나다(브리티시 콜롬비아) 큰강 어귀에 퇴적되어 있는 글레이셜 머린 머드는 두피의 불필요한 피지를 흡착하는 성질을 가지고 있다.

– 레몬 추출물(Lemon Extract) : 레몬 열매에서 추출한 것으로 클렌징과 동시에 모발에 윤기를 주는 효과를 가지고 있다.

– 로즈마리 추출물(Rosemary Extract) : 피부를 생기 있게 하는 작용을 한다.

– 로얄 젤리(Royal Jelly) : 여왕벌의 먹이인 로얄 젤리는 피부에 수분을 공급하고, 수분손실을 막도록 도와준다. 비타민, 단백질, 미네랄과 탄수화물이 풍부하게 함유되어 있다.

– 알란토인(allantoin) : 자극 받은 두피의 진정작용, 상처 치유 작용, 피부저항력 강화시킨다.

- 비사보롤(bisabolol) : 항염작용, 상처치유 작용이 있다.

- 세트리모니움 클로라이드 (cetrimonium cloride) : 코팅막을 형성하여 빗질을 용이하게 하고 모표피의 기능을 강화시킨다.

- 디메티콘코폴리올(demethicone copolyol) : 보습효과, 영양공급한다.

- PP팩터(PP factor) : 재생효과가 우수하여 모발구조를 강화시킨다.

- 글리세레쓰-26포스페이트 (glycereth-26phoshate) 하이드로라이즈드위트프로틴 (hydrolyzedwheat protein) : 윤기를 강화시키는 복합 물질

- 라네쓰-20(laneth-20) : 컬러의 안정성 및 지속력을 강화시키고 모발에 윤기와 광택을 부여한다.

- 레시틴(lecithin) : 모표피에 영양을 공급하여 그 기능을 강화시키고 빗질을 용이하게 한다.

- 네틀익스티랙트(nettle extract) : 볼륨감을 부여하고 모발이 두껍고 풍부해 보이게 한다.

- 옥토피록스(octopirox) : 비듬을 제거하고 비듬이 생기는 것을 예방한다.

- 판테놀(panthenol) : 모발에 영양과 수분을 공급하여 부드럽고 촉촉하며 탄력 있는 모발을 만든다.

- 폴리쿼터니움-10(polyquaternium-10) : 코팅막을 형성하여 부드럽고 강한 모발을 만든다.

- 실리콘오일(silicone oil) : 모발을 보호하고 부드럽게 하며 모발구조를 강화시킨다.

- 소디움 라우레쓰 설페이트(sodium laureth sulfate) : 세정력이 뛰어나 모발에 남아있는 잔여물을 말끔히 제거한다.

- UV필터(UV filter) : 자외선으로부터 모발을 보호하고 퇴색을 방지한다.

- 피마자유(castor oil) : 다른 유지에 비해 친수성이 높고 점성이 있으며 에탄올에 용해한다. 피부 보호제로 사용되며 립스틱과 메니큐어, 포마드의 주원료이다.

- 목랍(japan wax) : 포마드, 립스틱, 모발용 원료이다.

- 동백유(camellia oil) : 올리브유와 성상 등이 유사하며 두발용 오일로 사용한다.

- 라놀린(lanolin) : 보습작용을 가지고 있으며 높은 수분 흡수력을 가진 유화제, 얇은 막 형성, 냄새, 끈적임의 단점이다. 기초 화장품, 메이크업 화장품의 원료로 사용된다.

- 유동 파라핀(liquid paraffin) : 수분 증발 억제, 정제가 용이, 무색, 무취로 유화가 쉬워 유상원료로 다량사용, 사용감을 향상시킨다.

- **올리브유** : 나무의 과실에서 얻은 기름으로 피부표면으로부터 수분증발을 억제하고 사용감을 향상시킨다. 각종 크림이나 유액, 마사지 오일, 헤어 오일, 선탠 오일에 사용한다.

- **파라핀**(paraffin) : 불활성, 변질, 변취가 없고 유화하기 쉽다.

- **에탄올**(ethanol) : 살균력, 건조 촉진작용, 수렴성, 청량감을 부여하며 헤어토닉, 아스트리젠트로션, 향수, 방취 화장품에 사용된다.

- **정제수** : 각질층에 수분 보급, 성분의 용해 화장품의 사용되는 가장 일반적인 성분이다.

- **금속이온 봉쇄제**(sequestering agents) : 금속이온을 불활성화 할 목적으로 사용한다.

- **향료**(perfumes) : 부향

- **착색료** : 립스틱의 색소, 염착성이 있는 염료 립스틱

- **글리세린**(glycerin) : 무색, 무취, 보습성 액체, 피부의 수분 유지, 로션과 크림의 퍼짐성 부여하며 로션, 영양크림의 주원료로 사용된다.

- **폼**(foam) : 무스원액을 내압 용기에 넣고 분사제(LPG)를 충전하면 사용할 때 폼이 형성된다.

- **무스**(mousse) : 젖은 모발에 도포 후 원하는 헤어스타일로 고정시킬 목적

- **유연제** : 피부의 에몰리엔트 보습, 사용감, 화장품

- **방부제** : 미생물 증식 억제

- **히알루론산**(hyaluronic acid) : 무코다당류의 일종, 동물의 관절액이나 눈동자 등에 함유, 고보습 물질 자기 무게의 80배 정도의 수분을 흡수·유지시키며 히알루론산이 피부 주변의 수분을 흡수하여 오래도록 촉촉하고 부드러운 상태를 유지시켜 준다.

- **태반추출물** (placenta extract) : 기미, 주근깨 치료 또는 개선하는 미백기능, 항균, 살균, 항염증 효과를 이용한 여드름 치료 기능, 세포재생으로 노화방지, 탄력을 회복시켜주는 기능이 있다.

- **당귀**(angelica) : 피를 만들어 주는 조혈 작용과 세포 재생에 의한 노화 방지 및 미백제품 등의 기능혈액 순환을 원활하게 하고, 모세혈관에 탄력을 강화하여, 항상 촉촉하고 부드러운 머릿결로 가꾸어 준다.

- **콜라겐**(collagen) : 근육, 뼈, 힘줄, 이 등을 구성하는 구조 단백질의 일종이며 고보습 물질로 피부 속에 위치한 섬유아세포의 성장을 촉진시켜 주는 물질이다.

- 엘라스틴 : 신축성 섬유 단백질로 산이나 알칼리에 강하기 때문에 산과 알칼리로 처리한 후에 남는 물질을 처리하여 얻어지나, 콜라겐보다 보습 기능은 떨어진다.

- 수세미(loofah) : 염증을 억제하는 소염 작용, 촉촉하게 피부를 유지시켜 주는 보습, 미백 작용

- 대추(jujube) : 강장, 진정, 보혈, 피부 거칠음 방지, 안면 부스럼 등 항알레르기 효과가 뛰어나다.

- 파 : 진정, 소염, 혈행 순환 촉진 등의 작용

- 황(sulphur) : 미백, 여드름 치료에 쓰이므로 살균, 항균 작용이 있다.

- 홍화(safflower) : 물감을 들이는 천연 원료로서 피부 유연, 땀분비 억제, 방지 효과가 있다.

- 사과(apple) : 과일산의 하나로서 AHA(a-hydroxy acid : alpha hydroxy acid)가 함유, 피부 보호, 피부 유연 효과, 방부, 피부 안정 효과가 있다.

- 고추(red pepper) : 혈행 촉진, 발한, 발모 효과에 주로 쓰인다.

- 율무(coix seed) : 피부 재생, 보습, 소염, 미백 효과 등이 있다.

- 상백피(mulberry) : 뽕나무껍질로써 소염, 보습, 조직회복, 티로시나제 억제에 의한 미백 등에 효과가 있다. 누에를 상시 복용 시 피부탄력, 잔주름예방, 기미, 주근깨, 색소 침착 예방에 효과적이다. 상백피에는 플라보노이드 종류가 다량 함유되어 있어 산소 라디칼을 제거·억제하고, 두피의 세포손상을 줄여 손상된 머릿결을 개선해 준다.

[본초강목]에 의하면 상백피를 외용하고 있는 예가 많이 기재되어 있다.

1. 머리카락이 빠질 경우에는 상백피를 잘게 썰어 물에 담가 5, 6회 정도 완전히 끓여 익혀 찌꺼기를 제거한다. 그 액으로 헹구면 머리카락이 빠지지 않게 된다.

2. 모발이 시든 것처럼 윤기가 없을 때는 상백피, 백엽을 각각 1근씩 달여 모발에 사용하면 모발이 윤택해진다.

3. 딱딱한 석음(피부의 색은 변화가 없지만, 돌과 같이 단단해지는 것으로 목과 목덜미의 양측, 허리로부터 무릎 사이에 나타나는 것)에는 고름이 만들어지지 않아서 상백피를 그늘에 말려 분말로 하여 녹인 아교에 술을 첨가해 조제한 것을 붙이면 부드러워진다.(비듬, 가려움 방지효과, 탈모나 윤기가 없는 머리의 트러블에 효과를 보이기 때문에 헤어케어 제품의 응용도 기대할 수 있다.)

- 토마토(tomato) : 보습, 피부신진대사촉진, 여드름방지 효과

- 행인(apricot prebend) : 살구씨앗으로써 피부 유연, 기미, 주근깨, 등의 색소 침착 개선, 주름방지, 두피모발 조정작용효과 있다.

- 호도(walnut) : 호도추출물로써 왁스 및 오일은 피부를 윤택하고 부드럽게 해주는 효과이다.

- 신선초 : 유기게르마늄 함량이 많아 면역기능과 알레르기를 완화시키며 염증이나 통증억제에 뛰어난 효과이다.

- 금잔화(marigold) : 피부 유연 효과 항여드름 효과 홍반 세포재생 등 주요성분은 카로티노이드 트리페르펜시포닌 후라보노어드 등으로써 건성용 피부로션에 사용한다.

- 가지 : 콜레스테롤 분해, 간기능 보호와 지방질 분해로 균형 있는 몸매에 도움을 준다.

- 난초(orchid) : 항염증, 수렴, 항지루, 보습, 진정작용이 있다.

- 옥수수(corn flower) : 피부유연 효과, 항염증 효과, 부작용진정, 영양공급, 주요성분은 안토시안과 펙틴 등이며 lotion, after shave에 쓰인다.

- 밤(chestnut) : 수렴과 염증성 분비물 방지 작용

- 케일 : 위장과 대장을 보호

- 오이(cucumber) : 햇빛에 그을린 피부에 진정 효과 및 상처 치유, 살갗이 거칠어지는 것을 방지한다.

- 종료나무 : 주성분은 탄닌, 수렴 및 항염 작용이 있다.

- 칡 : 숙취에 효과가 있으며 혈압강화작용, 세정, 항균, 피부재생작용, 주성분은 다이드자인(daidzein), 다이드진(daidzin), 푸메라린(puerarin)

- 더덕 : 주성분은 사포닌(saponin), 알파스피나스테롤(-spinasterol), 스티그마스테롤(stigmasterol), 알비게닉산(albigenic acid), 아피게닌(apigenin), 항피로, 흥분, 혈행 촉진 작용에 의한 피부 재생 해독 작용이 있다.

- 글리콜린산(glycolic acid) : 사탕수수에서 추출, AHA 중 분자량이 가장 작아 흡수 및 침투력이 뛰어남, 각질 세포를 부드럽게 해주며 피부세포 재생에 효과

- 젖산(lactic acid) : 우유 또는 발효, 효소 산화에 의해 추출, 세포 재생 효과 및 수분 조절 효과가 탁월, 몸 속의 노폐물인 젖산이 체내에 축적되면 피로가 쌓인다.

- 말릭산(malic acid) : 말릭은 사과를 뜻하며 포도, 오렌지, 딸기, 사과에서 추출, 세포의 물질대사 촉진 및 강화

- 주석산(tartaric acid) : 포도주스에서 다량 존재, 식품 첨가제로 사용, 다른 과일산의 보조 역할로 효능을 강화

- 구연산(citric acid) : 레몬, 오렌지에 함유, 식초의 3배 효능으로서 식품을 시게 하며 약산성 보조제로 사용

- 만델산(mandelic acid) : 글리콜릭산의 유도체로 AHA의 효능 강화

- 하이드로퀴논(hydroquinone) : 표백 및 미백, 각질 연화 및 제거작용

- 카아랴 오일(kalaya oil = EMU oil) : 새의 일종인 이뮤(EMU)에서 뽑아낸 순수한 오일, 모이스춰라이징 크림과 로션류, 나이트크림과 아이크림, 입술 보호제, 비누, 두발제품에 사용, 상처 치료에 따른 피부 회복력과 근육 및 관절의 통증 치료에 사용

- 연옥(軟玉) : 인체에 필수적인 철분, 마그네슘, 칼슘 등의 광물을 함유하며 머리털 같은 무수한 크리스털과 섬유질 등 아주 작은 입자의 집합체로서 고혈압, 당뇨병, 순환기 장애, 심장병, 신장장애 등의 치료를 위한 자연적 약품이며, 차가운 성분이므로 화상을 입은 피부를 진정시키고 회복시켜준다.

- 밍크 오일(mink oil) : 70~80%의 불포화 지방산을 함유, 인간의 피부 지방과 유사한 성분을 가졌으며 유화 기능과 산화 안정도가 뛰어나며, 다른 oil과 mix해도 안정도가 좋다. 자외선이나 적외선에 의한 피부 손상 및 피부 수분의 증발을 막아준다.

- 질경이 : 거담, 항균, 소화계, 항염증, 항종양 작용

- 아보카도유(avocado oil) : 아보카도 열매에서 추출, 64~90%의 올레인산(oleic acid)을 주성분으로 하는 불포화 지방산의 글리세라이드로서 피부조직 연화, 피부보호 작용, 피부재생 작용, 자외선 흡수 작용에 의해 샴푸, 린스 등의 treatment제로서 우수한 conditioning 효과

- 밀배아유(wheat germ oil) : 밀의 씨눈에서 추출한 오일로서 건성, 피부 노화의 세포재생

- 올리브유(olive oil) : 올리브 열매 과육에서 채취, 피부면의 수분 증발 억제, 사용감촉 향상

- 참기름(sesame oil) : 에모리엔트제로서 산화를 방지하고 자외선을 차단시키는 일광 차단제로 사용됨

- 알로에(aloe) : 살균·소염작용, 보습작용을 하며, 신진대사의 효과가 높다.

- 당근(carrot) : 비타민 A의 전구체이므로 피부트러블이나 과민성, 햇볕에 탄 피부, 피곤해진 피부에 효과가 있다.

- 율무 : 철분, 칼슘, 양질의 섬유질, 단백질, 비타민 B1, Vt E, 리놀산, 탄수화물 등이 들어 있다. 여성의 성호르몬의 분비를 촉진 배란을 유발시키며, 피부에 윤기와 탄력을 주며 피부가 촉촉하고 부드러워진다.

- 쑥(mugwort) : 강력한 항균, 소염 작용으로 여드름, 습진, 햇볕에 탄 피부 등 피부 트러블 을 예방 할 수 있다.

- 녹두(Pbaseolus aureus) : 세정과 보습효과, 피부노화를 적극적으로 방지하고 단백질의 피지 제거 기능으로 피부 깊숙이 박힌 노폐물까지 제거

- 상지(Morus alba) : 멜라닌 생성을 근본적으로 막아주며 AHA함유로 노화 각질을 깨끗하게 제거해 피부 색을 한결 맑고 깨끗하게 가꾸어준다.

- 벌꿀집(프로폴리스) : 항균, 살균할 수 있는 물질로서 항염증 작용도 뛰어나 여드름의 치료나 염증의 치료 에 쓰이는 특수 성분이다.

- 갈대 : 주성분은 콕솔(colxol), 단백질, 펜토산(pentosan), 리그닌(lignin) 독소제거 및 세정 작용

- 히드록시프롤린 및 아스파르트산 : 모낭벽의 탄력을 촉진하는 아미노산. 실제로, 이러한 물질의 작용은 콜라겐과 엘라스틴 등의 단백질 섬유 합성을 증가시켜 결합 조직 구조의 세포를 자극하는 효과. 이것 은 모낭 주위에서 모낭을 지지하고 있는 결합 조직의 기능을 향상시키고 정상화하는 데 도움

- 효소 활성화제 : 모근과 모낭 사이의 결합을 강화시키는 데 도움. 특별한 효소(transglutaminases)를 활성 화하여 모발이 생육 위치에 잘 고정되게 하는 여러 가지 구조 단백질 간의 상호 연결 프로세스를 유발

- 시스테인 : 케라틴의 유기적 구성 요소인 황아미노산. 모발 성장에 필요한 케라틴화 과정을 촉진하는 모낭을 위한 영양 요소

- 라이신 : 생체 내에서 합성되지 않는 필수 아미노산. 단백질 합성 및 모발 성장의 필수 요소

- 당단백질 : 세포의 물질 대사를 자극하여 세포호흡 속도를 높이고 세포의 단백질 합성을 더욱 촉진

- 니코틴산 벤질 : 두피의 미세 순환에서 혈액 순환 속도를 일시적으로 높여주는 역할. 두피에 대한 영양 공 급을 높이고 모낭의 기능 회복에 도움, 이것은 제품에 포함된 다른 기능성 물질의 흡수 촉진에도 도움

- 박하 : 박하의 멘톨산은 청량감과 두피의 냄새를 제거하고, 초산, 수지 및 소량의 Tannin은 남성 피지 를 억제해 가려움증이나 과도한 유분을 억제

- 감나무잎 : 비타민C의 다량함유와 함께 비타민P, B, K도 충분히 포함하고 있어, 예민하고 약한 두피를 개선해 준다. 또한 육모작용과 보습작용이 있다. 이와 같이, 감나무잎 추출물은 사람의 모발을 조성하 고, 모를 만드는 모조세포의 증식을 촉진하는 결과를 나타내며, 사람을 대조한 실제 사용실험에 있어

실험자의 육모 효과가 뛰어났다. 또한, 천연의 감나무 잎을 원료로 하는 것이기 때문에 안전성이 뛰어나며, 남성형 탈모증의 치료 또는 방지하기 위해 유효하게 이용하는 것이 가능하다. 또한, 뛰어난 보습효과 때문에 끈적거리지 않는 범위에서 헤어 보습제나 로션으로서의 이용이 용이하다.

- 은행나무 : 다량의 플라보노이드가 함유되어 있어, 혈액순환을 좋게 하고 각종 유해환경이나 오염물질로부터 머릿결을 보호해 준다. 화장료로서 은행나무 추출물을 배합한 것, 예를 들어 피부 적용 시에는 혈액촉진작용에 의해 피부 부활 활성 효과, 두피에서는 재생 활성 효과에 따라 육모, 양모 효과가 있으며, 각종 화장료의 원료로 제공이 가능하다. 구체적으로 화장수, 유액, 크림, 마사지류, 팩류 등의 기초 화장품과 HAIR TONIC, HAIR CREAM 등의 두발 화장료 등에 사용된다. 유액은 특별한 배합금지법도 없으며, 그대로 크림이나 유액 TYPE에 각종용도(피부, 모발)의 화장품류의 처방에 첨가할 수 있으며, 직접적으로 ethanol을 함유한 액상 type의 화장품류에도 안정화제를 첨가하지 않아도 배합이 가능하다. 즉 추출물 함유액은 배합 후 생겨날 수 있는 은행나무 추출물의 특유한 경시적 변화가 아주 작으며 안정성도 우수하다. 또한 함유한 기능 또는 작용은 화장품류에 배합 시 제품의 산화방지효과를 기대할 수 있으며 피부의 기미나 주근깨처럼 색이 검게 변하는 것을 억제할 수 있다.

- 단삼 : 인삼의 한 종류인 단삼은 세포의 활성을 도와 두피를 튼튼하게 하고, 풍부한 사포닌은 과도한 피지를 억제하여, 촉촉하고 부드러운 머릿결로 가꾸어 준다.

◆ 참고문헌

1. 두피 & 탈모관리학 / 리그라인 / 조성일외 1인 / 2006.
2. 두피관리기기학 / 리그라인 / 조성일 / 2005.
3. 헤어컬러링 / 구민사 / 김주섭 / 2017.
4. 모발과학 / 훈민사 / 김주섭외 3인 / 2017.
5. 모발생리학 / 현문사 / 김한식 / 2011.
6. 헤드스파 / 르벨코스메틱 / 2006.
7. 한방간호학총론 / 수문사 / 동서간호학연구소 / 2000.
8. 아로마테라피 / 수문사 / 하병조 / 2006.

SCALP HAIR CARE